"十四五"新工科应用型教材建设项目成果

21世纪技能创新型人才培养系列教材 计算机系列

HTML5+CSS3 网页设计
基础教程

U0386099

主编／王 莹 相成久 史迎新

副主编／陈丽萍 苏 莉 田 川

参编／吴之昊

中国人民大学出版社
·北京·

图书在版编目（CIP）数据

HTML5+CSS3 网页设计基础教程 / 王莹，相成久，史
迎新主编. -- 北京：中国人民大学出版社，2022.1
21 世纪技能创新型人才培养系列教材. 计算机系列
ISBN 978-7-300-30077-1

I. ①H… Ⅱ. ①王… ②相… ③史… Ⅲ. ①超文本
标记语言－程序设计－高等学校－教材 ②网页制作工具－
高等学校－教材 Ⅳ. ① TP312 ② TP393.092

中国版本图书馆 CIP 数据核字（2021）第 250314 号

"十四五"新工科应用型教材建设项目成果
21 世纪技能创新型人才培养系列教材·计算机系列

HTML5+CSS3 网页设计基础教程

主　编　王　莹　相成久　史迎新
副主编　陈丽萍　苏　莉　田　川
参　编　吴之昊
HTML5+CSS3 Wangye Sheji Jichu Jiaocheng

出版发行	中国人民大学出版社		
社　　址	北京中关村大街 31 号	邮政编码	100080
电　　话	010 - 62511242（总编室）		010 - 62511770（质管部）
	010 - 82501766（邮购部）		010 - 62514148（门市部）
	010 - 62515195（发行公司）		010 - 62515275（盗版举报）
网　　址	http://www.crup.com.cn		
经　　销	新华书店		
印　　刷	北京宏伟双华印刷有限公司		
开　　本	787 mm×1092 mm　1/16	版　次	2022 年 1 月第 1 版
印　　张	11.5	印　次	2024 年 6 月第 3 次印刷
字　　数	228 000	定　价	33.00 元

党的二十大报告指出，"教育、科技、人才是全面建设社会主义现代化国家的基础性、战略性支撑。"教育是国之大计、党之大计。职业教育是我国教育体系的重要组成部分，肩负着"为党育人、为国育才"的神圣使命。在习近平新时代中国特色社会主义思想指导下，切实加强教材建设，编写质量可靠、切合职业教育特点的优质教材，是贯彻落实党的二十大精神，实施科教兴国战略的重要体现。

HTML 是一种标记语言，功能强大，支持不同数据格式的文件的嵌入，广泛应用于互联网，具有简易性、可扩展性、平台无关性、通用性等特点，是网页设计与制作的基础。HTML5 是 HTML 的修订版本，2014 年 10 月由万维网联盟（W3C）完成标准制定。HTML5 在继承了 HTML 的部分特征的基础上，添加了许多新的语法特征，具有独特的优势：网络标准、多设备跨平台、自适应网页设计。对于互联网领域，HTML5 为下一代 Web 提供了全新的框架和平台；对于编程人员，HTML5 带来的便捷是具有革命性的，特别是其丰富的标签体系，类似于内置了很多快捷键，取代用于完成比较简单的任务的插件，可以降低应用开发的技术门槛；对于 SEO 来说，HTML5 有利于搜索引擎抓取和索引网站内容，能够提供更多的功能和更好的用户体验，有助于提高网站的可用性和互动性；对于企业来说，HTML5 能够改变企业网络广告的模式与分布，助力传统企业实现 IT 应用移动化，帮助企业构建应用平台。

本教材采用任务式的编写形式，结构合理、完整，内容由浅入深，在各个典型任务中，全面细化知识点。教材中所选用的案例丰富、典型，具有普适性，易于学生理解，旨在帮助学生从简单的实践任务中抓住重点、举一反三，达到自主学习的目的。本教材配套资源中包含了所有任务的素材、源文件和效果文件。

本教材由多名具有丰富教学经验的双师型教师和具有丰富工作经验的企业技术开发人员共同编写，其中，辽宁农业职业技术学院的王莹、相成久、史迎新老师任主编，辽宁农业职业技术学院的陈丽萍、田川和营口市农业工程学校的苏莉任副主编，北京慧领科技有限公司的技术人员吴之昊参与本教材的编写，将实际应用案例与最新技术融入教材。

由于编者水平有限，书中难免存在疏漏之处，恳请广大读者批评和指正。

编者

C O N T E N T S　　　　　　　　　　　目录

单元 ❶
网页设计基本知识

单元导读

　　本单元主要介绍网站、网页的基本概念和基本结构，以及网站制作的基本流程和常用工具等，为深入讲解网页设计知识做好铺垫。

学习目标

✓ 掌握网站、网页和与网络相关的基本概念。
✓ 了解 HTML。
✓ 掌握网页的常见元素和常见布局。
✓ 了解网站制作的基本流程。
✓ 了解常用的浏览器。
✓ 了解制作网站的常用工具。

思政目标

　　通过介绍网站、网页等相关知识，使学生了解网站的作用和意义，认识到信息时代网站在传达信息与交互信息方面的强大功能。同时，让学生明白要做好一件事，必须合理规划，准备充分，耐心细致地做好流程设计和工具选择工作。

1.1 网站、网页简介

随着互联网技术飞速发展，网站已经成为人们工作、生活、学习、娱乐等活动的重要平台。那么，网站和网页具体是什么呢？

◆ 网站：网站是根据一定的规则，使用 HTML（文本标记语言）等技术制作的用于显示一定信息的相关网页的集合。在网站中，人们既可以浏览信息，也可以发布信息，或者利用网站提供的交互功能享受一些服务。

◆ 网页：网页是组成网站的基本元素，其中一张特殊的网页叫作首页，是用户打开网站时首先看到的网页。首页文件的名称有两种：index 或 default。

◆ HTML：HTML 是 Hyper Text Marked Language 的缩写，称为超文本标记语言，是一种标识性语言，它由一系列的标签组成，HTML 文本是由 HTML 命令组成的描述性文本，HTML 命令可以说明文字、图形、动画、声音、表格、链接等，HTML 标签统一了网络上的文档格式，分散的 Internet 资源被连接成为一个逻辑整体。

1.2 网页的常见元素

◆ 文本：表达网页信息的主体，占用的存储空间最小。

◆ 标题：用来表达文章的主题和内容。

◆ 图像：表达信息的最直接的形式，也可以用来修饰网页，网页中常用的图像格式有 JPG、GIF、PNG 等。

◆ 动画：能够更加生动、更加美观地表达信息。

◆ 声音：声音能使网页的效果更加丰富饱满，能更好地烘托氛围，常用的声音文件格式有 WAV、MP3、MIDI、RM、MOV 等。

◆ 视频：视频是经常出现在网页中的元素，它能使页面更加富有动感，使效果更直观、更精彩，常用的视频文件格式有 MPEG、MPG、AVI、MOV、FLV、MP4、vWMV 等。

◆ 表格：表格不仅能使网页以更加规整的形式表达信息，还具有使网页更美观、布局更合理的重要作用。

◆ 表单：表单的作用是在用户与网页之间实现交互功能，它是利用服务器中的数据库为客户端与服务器端建立联系。

◆ 超链接：网页中的重要元素，用来实现网页跳转、文件下载、电子邮件收发等功能。

1.3 网页的常见布局

1.3.1 "国"字形布局

"国"字形布局也称为"同"字形布局，是一些大型网站经常使用的布局类型。网页的最上面通常是网站的标题和横幅广告栏，接下来是网站的主要导航，左右分别列一些小的导航内容或其他链接，中间是主要内容，与左右的内容一起罗列到底，最下面是与网站有关的一些基本信息、联系方式、版权声明等。这种页面容纳的内容多，信息量大，类似的还有"T"字形布局、"三"字形布局等，如图1-1、图1-2、图1-3所示。

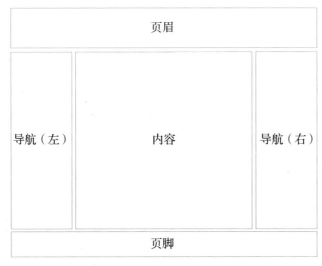

图 1-1 "国"字形布局

图 1-2 "T"字形布局

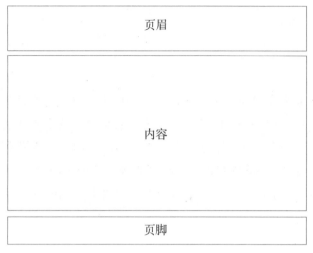

图 1-3　"三"字形布局

1.3.2　对称、对比布局

网页的上下或者左右对称、对比的布局如图 1-4 所示。这种布局的特点是视觉冲击力强、对比明显，给人以深刻的印象。

图 1-4　对称、对比布局

1.3.3　封面型布局

封面型布局是指用一大幅精美图片作为页面的设计中心，如图 1-5 所示。这种布局常用于时装类、游戏类、艺术类网站或个人网站，优点是外观精美，极具整体感、统一感，缺点是下载速度慢。

图 1-5　封面型布局

1.3.4　响应式布局

响应式布局是指网页的布局可以根据用户所使用的设备环境或用户行为而产生响应和调整。通常是指网页的布局能针对不同的显示设备的屏幕尺寸、屏幕方向做出相应的变化，如图 1-6 所示。

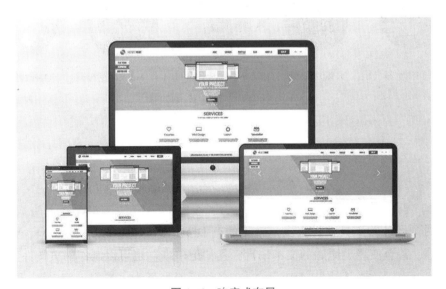

图 1-6　响应式布局

1.4　网站制作的基本流程

网站建设是一个严格而复杂的过程，需要提前做好需求分析和资料采集工作，无论是布局策划还是网站正式上线和维护，都需要细心的设计和安排，任何一个步骤出现问题都会影响网站的质量以及设计进度，给后期的工作带来麻烦。网站制作的基本流程如下：

（1）前期准备：与客户交流，获取其需求和喜好，确定主题。

（2）素材搜集，网站策划与页面设计。

（3）内容填充。

（4）网站发布与检测。

1.5　常用浏览器介绍

浏览器是网页运行的平台，常用的浏览器有 IE、火狐（Firefox）、谷歌（Google Chrome）、Safari 和 Opera 等，如图 1-7 所示。浏览器的核心部分是"Rendering Engine"，可以翻译为"渲染引擎"，我们一般称它为"浏览器内核"，它负责对网页语法进行解释并渲染（显示）网页。浏览器内核决定了浏览器如何显示网页的内容以及页面的格式信息。不同的浏览器内核对网页语法的解释也有不同，因此同一网页在采用不同内核的浏览器里的渲染（显示）效果也可能不同，这也是网页编写者需要在采用不同内核的浏览器中测试网页显示效果的原因。

IE浏览器　　　　火狐浏览器　　　　谷歌浏览器　　　　Safari浏览器　　　　Opera浏览器

图 1-7　常用的浏览器

1.6　制作网站的常用工具

1.6.1　网页设计工具

用于网页设计的工具软件很多，常见的有 Dreamweaver、Sublime Text、WebStorm、VS Code 等，甚至使用最原始的文本编辑工具"记事本"也可以制作网页文件。

◆ Dreamweaver：简称"DW"，中文名称可以翻译为"梦想编织者"，最初由美国

Macromedia 公司开发，2005 年被 Adobe 公司收购。DW 同时具有网页制作和网站管理的功能，是一种所见即所得的网页代码编辑器，支持 HTML、CSS、JavaScript 等内容，初学者或设计师都可以通过它快速制作和建设网站。

◆ Sublime Text：Sublime Text 是一个文本编辑器，也是一个先进的代码编辑器。Sublime Text 虽然操作界面简单，体积小，便于安装和携带，但功能却很强大，具有拼写检查、书签、及时项目切换、多选择、多窗口等功能，支持代码缩略图、Python 的插件、代码段等。Sublime Text 同时支持 Windows、Linux、Mac OS X 等操作系统。

1.6.2 图片处理工具

◆ Photoshop：简称"PS"，是由 Adobe 公司发布的图像处理软件。Photoshop 主要用于处理由像素构成的点阵图像。其绘图功能非常强大，滤镜效果丰富，在图像、图形、文字、出版等方面都有一定的支持。

◆ Fireworks：Fireworks 是 Macromedia 公司发布的一款面向网络图形设计的图形编辑软件，也于 2005 年被 Adobe 收购。它大大降低了网络图形设计的工作难度，可以在更直观的环境中创建和优化图像，加速了网页的设计与开发进度。无论是专业设计者还是业余爱好者，都可以使用 Fireworks 轻松地制作出动感的 GIF 动画，还可以轻易地完成大图切割、动态按钮制作、动态翻转图制作等，所以，若要编辑网页图像，Fireworks 是一个不错的选择。

单元实训

任 务 浏览网页

使用不同的浏览器打开几个常见的知名网站，查看网页的源代码，观察网页元素与网页布局。

实施步骤

步骤 1：打开 IE 浏览器或其他浏览器，在地址栏中输入相应的网址，比如汽车之家网站（www.autohome.com.cn），如图 1-8、图 1-9 所示。

步骤 2：观察网站主题与网页内容，在页面上单击鼠标右键，在弹出的快捷菜单中选择【查看网页源代码】，浏览网页的源代码，如图 1-10 所示。

步骤 3：观察网页上有哪些元素，使用的是哪种网页布局方式。

图 1-8　页面上部

图 1-9　页面下部

```
1
2
3    <!DOCTYPE html>
4
5    <html>
6    <head >
7        <meta charset="gb2312" />
8        <title>上市新车_汽车之家</title>
9        <meta name="keywords" content="上市新车、新车上市" />
10       <meta http-equiv="mobile-agent" content="format=html5; url=https://m.autohome.com.cn/channel/" />
11       <meta http-equiv="mobile-agent" content="format=xhtml; url=https://m.autohome.com.cn/channel/" />
12       <link rel="canonical" href="https://www.autohome.com.cn/newbrand/" />
13       <link rel="alternate" media="only screen and (max-width: 640px)" href="https://m.autohome.com.cn/channel/"/>
14       <meta http-equiv="Cache-Control" content="no-transform" />
15       <meta http-equiv="X-UA-Compatible" content="IE=edge,chrome=1" />
16       <meta name="renderer" content="webkit">
17       <base target="_blank" href="//www.autohome.com.cn/">
18       <link rel="stylesheet" href="//s.autoimg.cn/www/channel2/newbrand2018/css/index.css?v=20200219" />
19       <script src="//x.autoimg.cn/bi/mda/ahas_head.min.js?v=20180205"></script>
20   </head>
21   <body>
22       <script type="text/javascript">
23           var pvTrack = function () { };
24           pvTrack.site = 1;
25           pvTrack.category = 54;
26           pvTrack.subcategory = 90;
27       </script>
28       <script type="text/javascript">
29    (function(doc){
30    var _as = doc.createElement('script');
31    _as.type = 'text/javascript';
32    _as.async = true;
33    _as.src = '//x.autoimg.cn/bi/mda/ahas_body.min.js?d=' + Math.floor((new Date()).getTime()/(1000*60*60*24));
34    var s = doc.getElementsByTagName('script')[0];
35    s.parentNode.insertBefore(_as, s);
36    })(document);
37   </script>
```

图 1-10　网页部分源代码

技能检测

一、选择题

1. HTML 的全称是（　　　）。

　　A. Hyperlinks Text Markup Language　　　　B. Home Tool Markup Language

　　C. Hyperlinks To Markup Language　　　　　D. Hyper Text Markup Language

2. HTML 指的是（　　　）。

　　A. 超文本标记语言　　　　　　　　　　　B. 超链接和文本标记语言

　　C. 高级样式标记语言　　　　　　　　　　D. 高等标记语言

3. 下列关于网站的说法正确的是（　　　）。

　　A. 网站就是具有链接的页面的集合　　　　B. 网站就是一张网页

　　C. 网站就是多媒体　　　　　　　　　　　D. 网站就是超级链接

4. GIF 格式的图像最多可以显示（　　　）种颜色。

　　A. 255　　　　　　　B. 256　　　　　　　C. 65535　　　　　　　D. 65536

5. 下列哪种格式的图像可以呈现简单的动画效果？（　　　）

　　A. JPG　　　　　　　B. PNG　　　　　　　C. GIF　　　　　　　D. BMP

二、简答题

1. 网页上有哪些常见的多媒体元素？它们的格式有哪些？

2. 常见的浏览器有哪些？

3. 怎样查看网页的源代码？

单元 ❷
HTML 基础

单元导读

在网页制作的过程中，HTML 的编写是最基本、最核心的环节。本单元将介绍 HTML 的基本语法和 HTML 网页代码的基本结构，讲解一些最基本的 HTML 标记及属性，包括文本、图片、列表、超级链接等，并利用记事本工具或 Sublime Text 工具制作网页。

学习目标

✓ 掌握 HTML 的基本语法。
✓ 掌握 HTML5 网页代码的基本结构。
✓ 掌握 HTML 的常用标记和属性。

思政目标

通过介绍 HTML 及其各个版本，使学生了解网页设计行业的发展趋势，认识到学无止境、不进则退的道理，必须与时俱进，跟上时代的步伐。同时，认识到不论学习哪方面的知识，都要有一个良好的开端，为以后的深入学习打下基础。

2.1 HTML 简介

HTML 的版本主要包括 HTML 1.0、HTML 2.0、HTML 3.2、HTML 4.0、HTML 5。HTML 是一种标识性语言，由一系列标签组成，一般来说，一个 HTML 文件就标志着一张网页，HTML 文件以 <html> 开头，以 </html> 结尾，一对 <html>…</html> 标签就包含着网页中的所有内容。文档代码中所有的标签都是用一对尖括号 <> 括起来的，大多数标签是成对使用的，开头和结尾的标签名称相同，但结尾的标签前面要加一个斜杠 /；也有一些标签不是成对使用，而是单独使用；还有一些标签既可以成对使用，也可以单独使用，成对使用和单独使用的效果有时会稍有不同。

HTML 网页的基本结构如下：

```
<html>
<head>
<title> 网页标题 </title>
</head>
<body>
页面所有可见内容
</body>
</html>
```

一个 HTML 文档划分为两个部分，文档头部 <head>…</head> 和文档主体 <body>…</body>。文档的头部描述了文档的各种属性和信息，这里包含了文档的标题 <title>…</title>，<head> 中的元素可以用于引用脚本、指示浏览器在哪里可以找到样式表、提供元信息等，绝大多数文档头部包含的数据不会显示在页面上。<body> 元素包含文档的所有内容，比如文本、图像、超链接、表格和列表等。

2.2 HTML5 的特点

HTML5 取代了从前制定的 XHTML4.01 和 XHTML1.0 标准的版本，是 HTML 的最新规范，增加了更多的功能。实际上，人们通常所说的 HTML5 是广义的，它是一个不但包含了 HTML，还包含了 CSS 和 JavaScript 在内的一套 Web 前端解决方案。HTML5 强化了 Web 网页的表现性能，追加了本地数据库等 Web 应用功能；HTML5 标签具有更强的语义化，使代码更具可读性，样式丢失的时候也能让页面呈现清晰的结构，与 CSS3 关系更和谐；有利于 SEO（搜索引擎优化），搜索引擎可根据标签来确定上下文和各个关键字的权重；它具有更好的跨平台性、兼容性，可以直接与硬件（如摄像头、麦克风）相连，HTML5 自身支持网页端的音频和视频，可以不依赖外部插件，它与 CSS3 结合，可以制作出炫丽的动画效果。目前，HTML5 技术已经日渐成熟，得到了几乎所有知名浏览器较好的支持，应用十分广泛。HTML5 的新特性如下：

- 新增的页面布局元素：如 header、nav、aside、article、section、footer。
- 新增的表单控件：如 date、time、email、url、calendar、search。
- 新增的视频元素和音频元素：video 和 audio。
- 绘制图形的 canvas 元素。
- 更好地支持本地离线存储。

2.3 基本 HTML 标记

网页上的每个内容都是以标记的形式存在于页面上的，按照元素的排列状态划分，可以分为块级元素（block）和内联元素（inline）。

- 块级元素：大多数为结构性标记，是指在浏览器中显示时，从一个新行开始，其后面的元素也要另起一行显示。块级元素的高度、宽度都是可以控制的，宽度没有设置时，默认为 100%。块级元素中可以包含块级元素和行内元素。
- 内联元素：也叫行内元素或内嵌元素，不需要另起一行显示，其后面的元素也不需要另起一行显示，也就是说和其他元素处于一行之中。行内元素的高度、宽度以及内边距都是不可以控制的，宽高确定了内容的多少，不可以改变。行内元素不能包含块级元素。

2.3.1 标题元素（块级元素）

<h1>、<h2>、<h3>、<h4>、<h5>、<h6> 标签可以定义标题，<h1> 定义最大的标题，<h6> 定义最小的标题，标题元素使页面结构更加语义化。

2.3.2 段落元素 <p>（块级元素）和换行元素
（内联元素）

段落元素 <p> 可以把页面内容分割为若干段落，使内容排列更加整齐；换行元素
 用来换行，它是一个单标签。

2.3.3 图片元素 <img>（内联元素）

<img> 标签用于向网页中嵌入一幅图像，<img> 标签创建的是图像的存储位置，存储位置由 src 属性指定，常用的属性还有 alt、width、height。

2.3.4 超级链接 <a>（内联元素）

<a> 标签通过 href 属性在网页中定义超级链接，超级链接的种类一般分为普通网页链接、电子邮箱链接、锚点链接。

2.3.5 列表元素 <ul>、<ol>、<dl>（块级元素）

<ul> 表示无序列表，默认在列表项前面加黑色圆点，表示无先后顺序，里面包含的列表项用 <li> 表示。

<ol> 表示有序列表，默认在列表项前面加数字，表示有先后顺序，里面包含的列表项用 <li> 表示。

<dl> 表示自定义列表，是项目和其注释的组合，以 <dl> 标签开始，每个自定义列表项以 <dt> 开始，每个注释以 <dd> 开始。

2.3.6 <div> 元素（块级元素）和 <span> 元素（内联元素）

<div> 标签本身没有语义，它主要起区域划分的作用，经常用于将其他块级元素组合，方便进行样式的设置。

<span> 标签也没有语义，它通常用来包含文本，默认情况下，它所包含的内容在页面显示时不会有任何效果，但它可以将所需要的内容独立出来，便于设置样式。

单元实训

任务 1 制作第一张网页

使用记事本工具制作一张简单网页，页面显示文字"我的第一张网页"，网页标题为"成功的开始"。练习代码的输入、熟悉 HTML 结构。

实施步骤

步骤 1：打开记事本程序，先输入一对 <html></html> 标签，然后将光标移动至 <html></html> 标签之间，输入 <head></head><body></body>，再将光标移动至 <head></head> 标签之间，输入 <title></title>，最后将页面文字"我的第一张网页"输入在 <body></body> 标签内，将网页标题文字"成功的开始"输入在 <title></title> 标签内，效果如图 2-1 所示。标签要成对输入，切记不要从头到尾一句一句地输入代码。

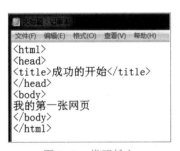

图 2-1 代码输入

步骤 2：选择菜单上的【文件】/【保存】，找到 D 盘或其他盘，在盘内右击，在快捷菜单中选择【新建】/【文件夹】，将文件夹的名字改为"myweb1"，然后双击进入，在此位置保存，保存类型选择【所有文件】，文件名输入"index.html"，编码选择"UTF-8"，如图 2-2 所示，单击【保存】按钮完成。

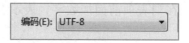

图 2-2　编码选择

步骤 3：打开 D:\ myweb1，右击网页文件，可以在"打开方式"中选用不同的浏览器打开，查看效果，如图 2-3 所示。

图 2-3　第一张网页

任务 2　使用 Sublime Text 工具制作网页页面

使用 Sublime Text 工具制作任务 1 中的页面，页面文字为"我的第二张网页"。通过任务实施掌握 Sublime Text 的基本操作和快捷键应用，掌握 HTML5 的语法格式。

Sublime Text
的安装

实施步骤

步骤 1：打开 Sublime Text，选择菜单上的【文件】/【新建】，新建文件，再选择菜单上的【文件】/【保存】，选择 D 盘或其他盘，在盘内右击，在快捷菜单中选择【新建】/【文件夹】，将文件夹的名字改为"myweb2"，然后双击进入，在此位置保存，保存类型选择【所有文件】，文件名输入"index.html"，单击【保存】按钮完成。

步骤 2：光标默认在第一行闪烁，此时，将输入法调整为英文输入法，按住【Shift】键，输入"！"，然后按【TAB】键，便可自动生成 HTML5 的基本代码结构，如图 2-4 所示。

使用 Sublime Text
工具制作网页页面

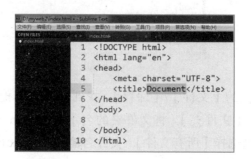

图 2-4　HTML5 基本代码结构

步骤 3：将页面文字"我的第二张网页"输入在 <body></body> 标签内，将网页标题文字"成功的开始"输入在 <title></title> 标签内，代码如图 2-5 所示。

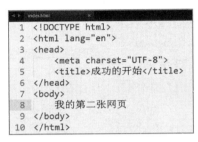

图 2-5　第二张网页

任务解析

（1）<!DOCTYPE html>：HTML5 标准网页声明，之前的 HTML 版本的声明是一串很长的字符串，现在只用这个简洁形式就可以了，支持 HTML5 标准的主流浏览器都认可这个声明。<!DOCTYPE> 声明必须是 HTML 文档的第一行，位于 <html> 标签之前。<!DOCTYPE> 声明不属于 HTML 标签，它是指示 Web 浏览器关于页面使用哪个 HTML 版本进行编写的指令。

（2）<html lang="en">：lang 是 <html> 标签的属性，规定元素内容的语言。lang="en" 表示定义语言为英文，lang="zh-CN" 表示定义语言为中文。

（3）<meta charset="UTF-8">：UTF-8 是一种字符编码，除此之外，在国内网站常用的还有 GB2312 和 GBK。GB2312 和 GBK 是汉字编码，UTF-8 是国际编码，实用性比较强。如果不写这个属性的话，页面上的中文有时会变成乱码。

任务 3　使用 Dreamweaver CS5 软件制作网页页面

使用 Dreamweaver CS5 软件制作任务 1 中的页面，页面文字为"我的站点"。通过任务实施掌握使用 Dreamweaver 软件建立站点和编辑代码的基本操作。

使用 Dreamweaver
CS5 软件制作网页页面

实施步骤

步骤 1：打开 Dreamweaver CS5，选择菜单上的【站点】/【新建站点】，弹出"站点设置对象"窗口，在站点名称中输入"我的站点"，在本地站点文件夹中输入"D:\myweb3"，单击【保存】按钮。如图 2-6 所示。

步骤 2：选择菜单上的【文件】/【新建】，使用默认选项"空白页"，页面类型"HTML"，布局"无"，文档类型"HTML5"，然后单击【创建】按钮，如图 2-7 所示。

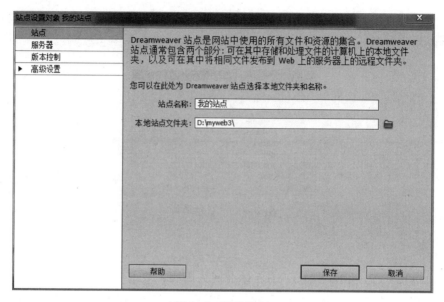

图 2-6　新建站点

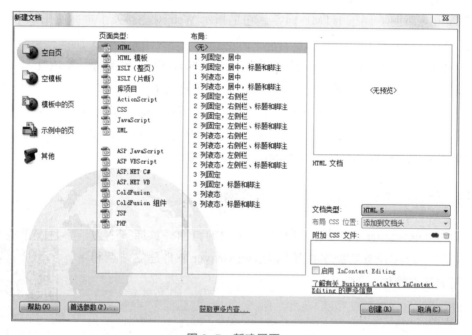

图 2-7　新建网页

　　步骤 3：选择菜单上的【文件】/【保存】，在文件名中输入"index"，单击【保存】按钮。如图 2-8 所示。

　　步骤 4：选择左上角的【代码】按钮，即可打开代码视图进行代码的编辑，如图 2-9 所示。

　　步骤 5：单击选项卡上的地球图标，选择一种浏览器预览页面，如图 2-10 所示。

图 2-8　保存网页

图 2-9　编辑代码

图 2-10　预览网页

步骤 6：编辑好的页面必须保存后才可以浏览，在如图 2-11 所示的对话框中单击【是】按钮。

图 2-11　保存编辑后的页面

步骤 7：在浏览器中看到的效果如图 2-12 所示。

图 2-12　观察页面效果

任务解析

（1）通过拆分视图功能也可以编辑网页代码。在工作区左侧编辑代码，在右侧可以观察效果或利用 Dreamweaver 软件的其他功能插入一些元素。如图 2-13 所示。

图 2-13　拆分视图

（2）在使用 Dreamweaver 软件编辑代码的过程中，也会出现相应的代码提示或纠错提示。

任务 4　认识标题标签

打开 Sublime Text，制作一张 HTML5 网页，并利用标题元素标签在网页上显示 6 个级别的标题，观察其大小。效果如图 2-14 所示。

认识标题标签

图 2-14　6 个级别的标题

代码如下：

```
<!DOCTYPE html>
<html lang="zh-CN">
<head>
<meta charset="UTF-8" />
<title> 我的 HTML5 网页 </title>
</head>
<body>
<h1> 一级标题 </h1>
<h2> 二级标题 </h2>
<h3> 三级标题 </h3>
<h4> 四级标题 </h4>
<h5> 五级标题 </h5>
<h6> 六级标题 </h6>
</body>
</html>
```

任务 5　段落元素 <p> 和换行元素
 的使用

输入如下代码，分析其输出结果。

```
<!DOCTYPE html>
<html lang="zh-CN">
```

```
<head>
<meta charset="UTF-8" />
<title> 段落与换行 </title>
</head>
<body>
<p> 参考我的位置 </p>
<p align="left"> 左对齐 </p>
<p align="center"> 居中 </p>
<p align="right"> 右对齐 </p>
我换行了吗?  <br/> 我换行了吗?
</body>
</html>
```

效果如图 2-15 所示。

图 2-15 段落与换行

任务解析

<p> 标签是段落元素,本身包含段前、段后距离,因此段落与段落间的距离要大一些,而换行标记产生的行与行的距离要小一些,align 是 <p> 标签的属性,指水平对齐方式。

任务6 图片的插入

在页面中插入图片,并设置宽、高。

实施步骤

步骤 1:在 D 盘新建一个名为 "myweb5" 的文件夹,作为站点文件夹,在 myweb5 内建立一个名为 "images" 的文件夹,作为存储网页图片素材的文件夹,将 girl.jpg 图片文件粘贴到 images 文件夹中。

步骤 2：打开 Sublime Text，输入如下代码：

```
<!DOCTYPE html>
<html lang="zh-CN">
<head>
    <meta charset="UTF-8">
    <title> 显示图片 </title>
</head>
<body>
    <img src="images/girl.jpg" alt=" 女孩 " width="240" height="210">
</body>
</html>
```

效果如图 2-16 所示。

图 2-16　显示图片

任务解析

（1）src 表示图片文件的存储位置，通常是一个相对路径，注意不要省略或写错图片文件的扩展名。

（2）width、height 表示图片显示出来的宽、高，默认以像素为单位。

（3）alt 表示图片文件丢失后所显示的文字。如果图片文件丢失或代码中的图片文件路径写错，结果将如图 2-17 所示。

图 2-17 图片丢失

任务 7 超级链接的使用

输入如下表示超级链接的代码，分析其输出结果。

```
<!DOCTYPE html>
<html lang="zh-CN">
<head>
<title> 超级链接 </title>
</head>
<body>
<p> <a href="bj.html"> 北京 </a> </p>
<p> <a href="http://www.baidu.com" target="_blank"> 百度 </a> </p>
<p> <a href="mailto:7812.4.6    @qq.com" target="_blank"> 联系我 QQ</a> </p>
<p> <a href="#btm"> 页面底部 </a> </p>
<p> 文章 1</p>
<p> 大量内容省略……</p>
<p> 文章 2</p>
<p> 大量内容省略……</p>
…
<p> 此处是页面底部 <a id="btm"> </a></p>
</body>
</html>
```

效果如图 2-18 所示。

任务解析

（1）文本"北京"用于链接到网站内部网页，需要在站点文件夹内准备一张名为 bj.html 的网页文件，target="_blank" 是指在新窗口或新的选项卡中打开跳转的目标网页，原来的页面不消失。

（2）文本"百度"用于链接到网站外部网页。

（3）文本"联系我 QQ"用于启动电子邮件程序，发送邮件。

（4）文本"页面底部"用于链接到锚点 <a id="btm"> 所指定的位置，使较长内容的页面跳转到最下边。

图 2-18　各种超级链接

任务 8　列表的使用

输入如下列表的代码，分析其输出结果。

```
<!DOCTYPE html>
<html lang="zh-CN">
<head>
<title> 列表 </title>
</head>
<body>
<h3> 东三省省会城市 </h3>
<ul>
    <li> <a href="#"> 哈尔滨 </a> </li>
    <li> <a href="#"> 长春 </a> </li>
    <li> <a href="#"> 沈阳 </a> </li>
</ul>
<h3> 今日房价排名 </h3>
<ol>
    <li> 深圳 </li>
    <li> 上海 </li>
    <li> 北京 </li>
    <li> 武汉 </li>
    <li> 沈阳 </li>
```

```
    </ol>
    <h3> 常见网络名词解释 </h3>
    <dl>
        <dt>www</dt>
        <dd> 万维网，World Wide Web 的缩写 </dd>
        <dt>Internet</dt>
        <dd> 因特网，国际互联网 </dd>
    </dl>
    </body>
    </html>
```

效果如图 2-19 所示。

图 2-19　各种列表

任务解析

（1）无序列表 <ul> 常用于导航超级链接，有序列表 <ol> 常用于排名或推荐，<dl> 常用于内容解释。

（2）在 <a href="#"> 中，# 号表示空链接，即表示它是超级链接，但是跳转的位置待定。

（3）<ul> 有一个常用属性 type，值可以是 "circle/disc/square"，可以改变项目前面的修饰符号，默认是 disc，circle 表示空心圆，square 表示黑色方块。

（4）<ol> 的常用属性 type 的值可以是 "1/a/A/i/I"，默认是 1，还可以用大小写英文字母或罗马数字表示顺序，如图 2-20 所示。

```
1  <!DOCTYPE html>
2  <html lang="zh-CN">
3  <head>
4  <title>列表</title>
5  </head>
6  <body>
7  <h3>东三省省会城市</h3>
8  <ul type="circle">
9      <li><a href="#">哈尔滨</a></li>
10     <li><a href="#">长春</a></li>
11     <li><a href="#">沈阳</a></li>
12 </ul>
13 <h3>今日房价排名</h3>
14 <ol type="I">
15     <li>深圳</li>
16     <li>上海</li>
17     <li>北京</li>
18     <li>武汉</li>
19     <li>沈阳</li>
20 </ol>
21 <h3>常见网络名词解释</h3>
22 <dl>
23     <dt>www</dt>
24     <dd>万维网，World Wide Web的缩写</dd>
25     <dt>Internet</dt>
26     <dd>因特网，国际互联网</dd>
27 </dl>
28 </body>
29 </html>
```

东三省省会城市

- 哈尔滨
- 长春
- 沈阳

今日房价排名

Ⅰ. 深圳
Ⅱ. 上海
Ⅲ. 北京
Ⅳ. 武汉
Ⅴ. 沈阳

常见网络名词解释

www
　　万维网，World Wide Web的缩写
Internet
　　因特网，国际互联网

图 2-20　改变项目符号

任务 9　<div> 元素和 <span> 元素的使用

div 元素和 span
元素的使用

输入如下代码，分析其输出结果。

```
<!DOCTYPE html>
<html lang="zh-CN">
<head>
    <meta charset="UTF-8">
    <title>div 与 span</title>
    <style type="text/css">
        div{
            width:200px;
            border:1px solid red;
            }
        span{color:red;}
    </style>
</head>
<body>
    <div>
        <h3><span>女装：</span>传统礼服 </h3>
        <img src="images/lifu.jpg"/>
    </div>
    <br>
    <div>
        <h3><span>女装：</span>时尚前沿 </h3>
```

```
            <img src="images/ss.jpg"/>
        </div>
    </body>
</html>
```

效果如图 2-21 所示。

图 2-21　div 与 span

任务解析

（1）<div> 标签相当于容器，两对 <div> 标签将内容分成两部分，这两部分使用了相同的边框样式。

（2）<span> 标签将简短文字从行中独立了出来，将具有相同特点的文字设置成相同的颜色样式。

技能检测

一、选择题

1. 下列关于 HTML 标记符属性的说法错误的是（　　　）。

　　A. 在 HTML 中，所有的属性都放置在开始标记符的花括号里

　　B. 属性与 HTML 标记符的名称之间用空格分隔

　　C. 不同的属性之间用空格分隔

　　D. HTML 标记和属性通常不区分大小写

2. 下列标记符中用于设置网页标题的是（　　　）。

　　A. <caption>　　　　B. <title>　　　　C. <head>　　　　D. <html>

3. 在 HTML 代码中，下列哪个标记不可以出现在 \<body> 和 \</body> 标记符之间？
(   )

    A. \<hr>   B. \
             C. \<html>   D. \<p>

4. 下列哪种标签用于标志一个段落？(   )

    A. \<body>   B. \<font>   C. \
             D. \<p>

5. 在下列的标题标签中，哪个是最大的标题？(   )

    A. \<h7>   B. \<h6>   C. \<h1>   D. \<head>

二、简答题

1. 什么是 HTML？

2. 写出 HTML 网页的基本结构并说出哪个标签部分的内容是显示在页面中的。

三、操作题

1. 利用 Sublime Text 制作如图 2-22 所示的页面。

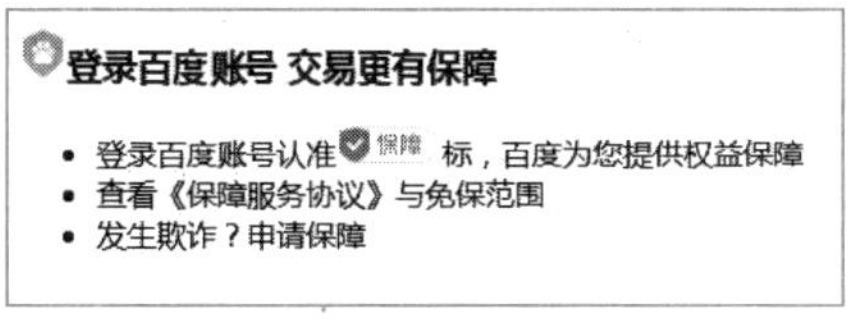

图 2-22　文本与图像的使用

2. 利用 Sublime Text 制作如图 2-23 所示的页面。

图 2-23　超级链接的使用

单元 ③

HTML 进阶

单元导读

HTML 具有多种标签，本单元将介绍 HTML 中较复杂但使用频率高的标签，包括表格标签、表单标签以及它们的子元素标签。

学习目标

✓ 掌握表格标签及其子元素的使用方法。
✓ 掌握表单标签及其子元素的使用方法。

思政目标

通过本单元的实训，引导学生对自己的职业生涯做一个美好的畅想和规划，帮助学生提升学习兴趣、树立自信，培养吃苦耐劳、艰苦奋斗的精神。

3.1 表格元素 <table>（块级元素）

表格不但可以用来容纳信息，使内容看起来更规整、醒目，还可以用来布局页面，使页面结构更合理、美观。<table> 标签表示表格，要搭配 <th>、<tr>、<td> 等子元素使用，<th> 表示表头、<tr> 表示表格中的行，<td> 表示单元格。

3.2 表单元素 <form>（块级元素）

表单是网页的一个非常重要的组成部分，用于收集用户填入的信息并提交给服务器，实现用户与网页的交互，交互功能需要数据库技术与服务器的支持。本单元只介绍表单元素的插入方法和其子元素的属性等，并不能实现交互，交互功能的实现属于动态网页开发技术范围。表单的子元素非常多，如图 3-1 所示为一个注册表单的应用实例。

图 3-1　注册表单

单元实训

任务 1　利用 <table> 标签制作积分查询表

效果如图 3-2 所示。

积分查询

排名	姓名	分数
1	晓晨	98
2	莉莉	92

图 3-2 表格

代码如下：

```
<!DOCTYPE html>
<html lang="zh-CN">
<head>
  <meta charset="UTF-8">
  <title>表格 </title>
</head>
<body>
  <table width="400" border="1">
    <caption>积分查询 </caption>
    <tr>
      <th>排名 </th>
      <th>姓名 </th>
      <th>分数 </th>
    </tr>
    <tr>
      <td>1</td>
      <td>晓晨 </td>
      <td>98</td>
    </tr>
    <tr>
      <td>2</td>
      <td>莉莉 </td>
      <td>92</td>
    </tr>
  </table>
</body>
</html>
```

任务解析

（1）<caption> 标签表示表格的标题。

（2）<th> 标签中的内容会加粗居中显示，表示页眉。

（3）width="400" 表示表格的宽度，border="1" 表示表格的边框粗细。

任务 2 制作个人简历表格

效果如图 3-3 所示。

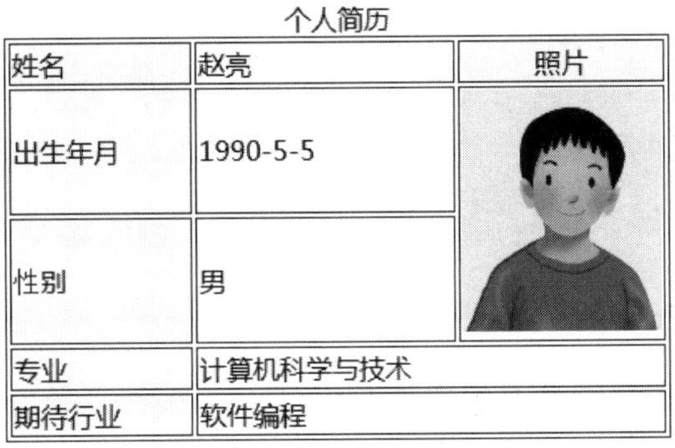

图 3-3 跨行跨列表格

代码如下：

```
<!DOCTYPE html>
<html lang="zh-CN">
<head>
    <meta charset="UTF-8">
    <title> 跨行跨列表格 </title>
</head>
<body>
    <table width="400" border="1" bordercolor="blue" align="center">
        <caption> 个人简历 </caption>
        <tr>
            <td width="120" bgcolor="#eefff"> 姓名 </td>
            <td width="170"> 赵亮 </td>
            <td align="center"   bgcolor="#eefff"> 照片 </td>
        </tr>
        <tr>
            <td   bgcolor="#eefff"> 出生年月 </td>
            <td>1990.5.5    </td>
            <td rowspan="2"> <img src="images/boy.png" alt=" 男孩 "> </td>
        </tr>
        <tr>
            <td   bgcolor="#eefff"> 性别 </td>
            <td> 男 </td>
        </tr>
        <tr>
            <td   bgcolor="#eefff"> 专业 </td>
```

```
            <td colspan="2"> 计算机科学与技术 </td>
        </tr>
        <tr>
            <td   bgcolor="#eeffff"> 期待行业 </td>
            <td colspan="2"> 软件编程 </td>
        </tr>
    </table>
</body>
</html>
```

任务解析

（1）表格及其子元素共同具有的属性有很多，bordercolor="blue" 是指边框颜色为蓝色，bgcolor="#eeffff" 是指背景色为淡青色。

（2）<table> 标签后的 align="center" 表示整个表格在页面内水平居中显示，<td> 标签后的 align="center" 是指单元格中的内容水平居中显示。

（3）rowspan="2" 是指设置了单元格的垂直跨度，在垂直方向上向下跨两行，这样就实现了在垂直方向上合并单元格的效果，如果上面的一行合并了单元格，则下一行要减少一对 <td>，也就是减少一个单元格。

（4）colspan="2" 是指设置了单元格的水平跨度，在水平方向上向后跨两列，这样就实现了在水平方向上合并单元格的效果，如果前面合并了单元格，后面也要相应地减少一对 <td>，即减少一个单元格。

任务 3 制作用户登录表单

效果如图 3-4 所示。

制作用户登录表单 (1)

图 3-4 登录表单

制作用户登录表单 (2)

代码如下：

```
<!DOCTYPE html>
<html lang="zh-CN">
```

```
<head>
    <meta charset="UTF-8">
    <title> 请登录 </title>
</head>
<body>
    <form action="" method="" >
        <h3> 用户登录 </h3>
        <div>
            <p><img src="images/notice.gif"> 享优惠！请先登录！！ </p>
            <p> 用户名 :<input type="text"> <a href="#"> 没有账号？申请 >></a></p>
            <p> 密码 :<input type="password"> <a href="#"> 忘记密码？找回 >></a></p>
        </div>
        <input type="submit" value=" 提交 ">
        <input type="reset" value=" 重置 ">
    </form>
</body>
</html>
```

任务解析

（1）<form> 是表单标签，在其内部要包含很多表单控件，可以看作其他表单元素的容器，起到布局表单控件和集合各个表单元素的作用。

（2）<form> 最常用的属性是 action 和 method。action 指出表单的处理程序，它的值通常是一张动态网页文件；method 指出传递数据的方式，值为 post 或 get。在本例当中，静态网页暂时不需要填写这两个值。

（3）<input type="text"> 表示单行文本输入框。

（4）<input type="password"> 表示密码输入框，输入时会用 * 显示，以免泄露密码。

（5）<input type="submit"> 表示提交按钮，负责将表单里填入的信息提交给 action 所指定的文件，value 表示按钮上显示的文字。

（6）<input type="reset"> 表示重置按钮，会清除表单里所有填入的信息，回到初始状态。

任务 4 制作用户注册表单

效果如图 3-5 所示。

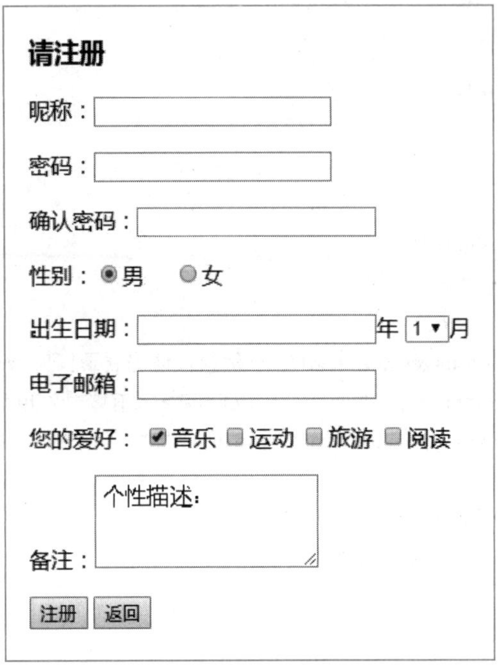

图 3-5 注册表单

代码如下：

```
<!DOCTYPE html>
<html lang="zh-CN">
<head>
  <meta charset="UTF-8">
  <title> 注册表单 </title>
</head>
<body>
<h3> 请注册 </h3>
<form>
  <p> 昵称 :<input type="text" size="20" maxlength="20"> </p>
  <p> 密码 :<input type="password" size="20" maxlength="16"> </p>
  <p> 确认密码 :<input type="password" size="20" maxlength="16"> </p>
  <p> 性别 :<input type="radio" name="xb" checked="checked" >男 <input type="radio" name=
"xb"> 女 </p>
  <p> 出生日期 :<input type="text"> 年
  <select>
    <option value="1">1</option>
    <option value="2">2</option>
    <option value="3">3</option>
    <option value="4">4</option>
  </select> 月
```

```
    </p>
    <p> 电子邮箱 :<input type="text"> </p>
    <p> 您的爱好 :
    <input type="checkbox" name="ah" checked="checked"> 音乐
    <input type="checkbox" name="ah"> 运动
    <input type="checkbox" name="ah"> 旅游
    <input type="checkbox" name="ah"> 阅读
    </p>
    <p> 备注 :<textarea rows="4" cols="20"> 个性描述 :</textarea> </p>
    <p> <input type="submit" value=" 注册 "> <input type="button" value=" 返回 "> </p>
</form>
</body>
</html>
```

任务解析

（1）size="20" 表示文本框的显示长度，以字符为单位；maxlength="20" 表示最多可以输入的字符数。

（2）<input type="radio"> 是单选按钮标签，name="xb" 表示此标签的名字，同一组单选按钮必须要有相同的名字，同一时刻只可以有一个按钮被选中。如果 name 值不同，则视为不在同一组，单选按钮可以被同时选中，checked="checked" 表示默认情况下已被选中。

（3）<select> </select> 是列表 / 菜单，经常用来列举数据，可节约页面空间，里面的每一个子项使用 <option > 标签表示，显示出来的文本写在 <option> 显示文本 </option> 中间，value="2" 用来存储列表项的值。

（4）<input type="checkbox"> 是复选按钮标签，name="ah" 表示此标签的名字，同一组复选按钮必须要有相同的名字，同一时刻可以有多个按钮被选中。

（5）<textarea> </textarea> 是文本域标签，它可以容纳多行文本，经常用于备注、留言板的制作，默认出现的文字可以放在 <textarea> </textarea> 标签之内，rows="4" 表示默认显示出来的行数，cols 表示列数。

（6）<input type="button" > 是普通按钮，通常使用 onclick 属性设置鼠标按下按钮时所执行的命令。

任务 5 利用 <fieldset> 标签为表单分组

效果如图 3-6 所示。

图 3-6　分组的表单元素

代码如下：

```
<!DOCTYPE html>
<html lang="zh-CN">
<head>
   <meta charset="UTF-8">
   <title> 为表单元素分组 </title>
</head>
<body>
<form>
   <fieldset>
      <legend> 基本信息 </legend>
      <p> 昵称 : <input type="text" /> </p>
      <p> 密码 : <input type="password" /> </p>
   </fieldset>
   <fieldset>
      <legend> 会员情况 </legend>
      <p> 等级 :
      <select>
         <option value="">A</option>
         <option value="">B</option>
      </select>
      </p>
      <p> 备注 : <textarea cols="22" rows="3"></textarea> </p>
   </fieldset>
</form>
</body>
</html>
```

任务解析

（1）<fieldset> 元素可将表单内的相关元素分组，将表单内容的一部分打包，生成一组与表单相关的字段。

（2）当一组表单元素被放到 <fieldset> 标签内时，为方便对这个区域设置样式，各个 <fieldset> 区域可以有相同或不同的样式，比如特殊的边界、3D 效果，甚至可以创建一个子表单来处理这些元素。

（3）本例中的两对 <fieldset> 标签将 form 表单分为两组。

（4）<legend> 标签是 <fieldset> 标签的标题。

技能检测

一、选择题

1. 下列哪对标签表示在表格中创建一行？（ 　　　）

A. <th> </th>　　　　B. <h1> </h1>　　　　C. <tr> </tr>　　　　D. <td> </td>

2. 下列哪对标签表示在表格中设置表格标题？（ 　　　）

A. <title> </title>　　　　　　　　B. <thead> </thead>

C. <header> </header>　　　　　　D. <caption> </caption>

3. 下列哪对标签表示在表格中创建一个单元格？（ 　　　）

A. <tr> </tr>　　　　　　　　　　B. <th> </th>

C. <td> </td>　　　　　　　　　　D. <span> </span>

4. 单行输入文本框 <input> 元素的 type 属性值应该设置为（ 　　　）。

A. password　　　　　　　　　　B. text

C. submit　　　　　　　　　　　D. textarea

5. 复选框 <input> 元素的 type 属性值应该设置为（ 　　　）。

A. radiobutton　　　　　　　　　B. check

C. checkbox　　　　　　　　　　D. radio

二、操作题

1. 制作如图 3-7 所示的表格。

学习计划	
6:30~7:00	早餐
7:00~11:30	晨读
	阅读理解
	写作
11:30~12:30	午餐

图 3-7　学习计划表

2. 利用表格布局和表单元素制作如图 3-8 所示的注册页面。

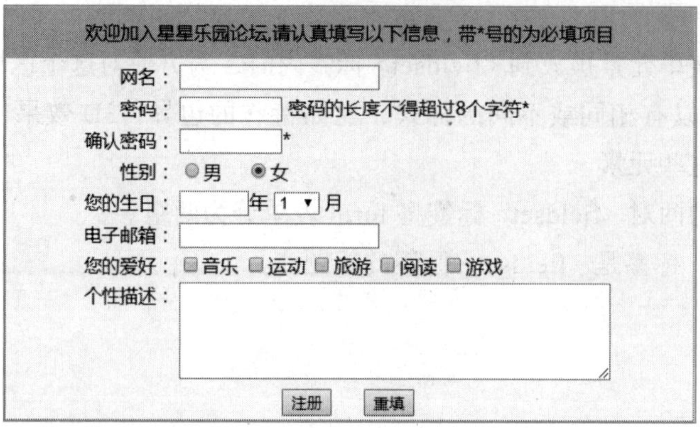
欢迎加入星星乐园论坛,请认真填写以下信息，带*号的为必填项目
网名：
密码：
密码的长度不得超过8个字符*
确认密码：
*
性别：
男
女
您的生日：
年
1
月
电子邮箱：
您的爱好：
音乐
运动
旅游
阅读
游戏
个性描述：
注册
重填

图 3-8　注册页面

单元 ④

HTML5 的新增元素

📖 单元导读

　　HTML5 新增的用于布局页面的标签具有语义化更强，结构更清晰，代码可读性更好的特点；增强后的表单元素功能更完善，减少了为实现某种常用功能而编写代码的工作量。

📚 学习目标

　　✓ 了解 HTML5 新增的布局元素的意义。
　　✓ 掌握 HTML5 新增的页面元素的应用。
　　✓ 掌握 HTML5 增强的表单元素及其属性。

📚 思政目标

　　通过介绍 HTML5 的新增功能，使学生明白进步需要在原来的基础之上发展与创新，软件的升级是创新、技术的更新换代也是创新，未来要想在职业生涯中立于不败之地，就要不断学习，持续发展，适时创新。

4.1 HTML5 的布局元素

HTML5 提供的新的用于布局的元素有 header、nav、aside、article、section、footer，这些元素根据语义互相搭配或嵌套以描述网页布局，实际上，它们都源于 div 标签，它们的显示效果和使用方法与 div 标签完全相同，唯一不同的就是它们具有语义，可以通过元素的名称表达元素的意义。

<header> 语义为头部，可以表示网页的头部，也可以表示网页中某个区域的头部，网页头部中经常包含的内容是网站标识 logo。

<nav> 语义为导航，可以表示整个网页的导航，也可以表示网页中某个区域的次级导航。

<aside> 语义为侧边栏，通常位于主要内容旁边，内部也可以包含一些导航。

<article> 语义为独立的内容，如文章、评论、通知、新闻等，它强调独立性、完整性，是一个可以独自被外部引用的内容，在一个 <article> 内部，经常会有自己的 <header> 和 <footer>。

<section> 表示文档中的一节，用于对页面内容进行分块或者为文章分段，比如一个 arctcle 可以分成多个 section，一个 section 通常由标题和内容组成，没有标题的内容一般不用在 section 中，如果想要为某个区域进行样式设置或添加行为，一般仍然使用 div 而不是 section。

<footer> 语义为脚部，表示页面的底部，通常包含网站的版权、联系方式、制作日期等网站信息，也可以表示网页中某个区域的脚部。

<header>、<nav>、<aside>、<article>、<section>、<footer> 在布局页面时通常显示为类似图 4-1 所示的结构。

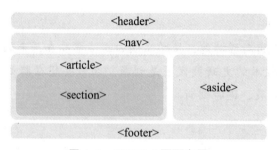

图 4-1　HTML5 页面布局

4.2 HTML5 的页面元素

新增的 HTML5 页面元素有 figure、hgroup、mark、progress、time 等。这些标签都具有一定的浏览器兼容性，在手机网页上可以广泛使用，在电脑端网页上使用时还需要对浏览器兼容性进行测试。

4.2.1 <figure>（块级元素）

<figure> 标签规定独立的流内容（图像、图表、照片、代码等），figure 元素的内容应该与主内容相关，如果被删除，则不应对文档流产生影响。所有主流浏览器都支持 <figure> 标签。

4.2.2 <hgroup>（块级元素）

<hgroup> 标签表示标题组，用于对标题元素进行分组，当标题有多个层级（如副标题）时，<hgroup> 元素被用来对一系列元素 <h1> ~ <h6> 进行分组，这样可使标题之间具有密切相关的语义。

4.2.3 <mark>（内联元素）

<mark> 标签用来高亮显示需要被特别重视的信息，强调突出性。

4.3 HTML5 表单

HTML5 表单提供了很多新的功能。如 <input type="email"> 可以自动校验电子邮件格式，required 属性可以检查是否为必填选项，placeholder 属性可以指定输入框中默认显示的文字等，这些功能避免了使用 JavaScript 编写代码的麻烦。

单元实训

任务 1 HTML5 布局标签体验

输入如下 HTML5 新增的布局标签代码，观察网页布局效果。

HTML5 布局
标签体验

```
<!DOCTYPE html>
<html lang="zh-CN">
<head>
  <meta charset="UTF-8">
  <title> HTML5 页面布局 </title>
</head>
<body>
  <header> 此处是头部的内容 </header>
  <nav> 此处是导航栏 </nav>
  <article><section> 此处是主要内容 </section></article>
  <aside> 此处是侧边栏 </aside>
  <footer> 此处是底部 </footer>
```

```
</body>
</html>
```

效果如图 4-2 所示。

```
此处是头部的内容
此处是导航栏
此处是主要内容
此处是侧边栏
此处是底部
```

图 4-2　HTML5 布局元素

任务解析

（1）从图 4-2 中可以观察到，这些新增布局标签的显示效果和 <div> 是一样的，也是块级元素，默认情况下，每个标签占一行，宽度占满父窗口的百分之百。它们除了有语义上的作用外，并没有显示出与 <div> 的不同。

（2）要想实现如图 4-1 所示的布局，需要和 CSS 样式结合在一起。

任务 2　利用 <figure> 标签在文档中插入图像

效果如图 4-3 所示。

利用 figure 标签
在文档中插入图像

图 4-3　<figure> 标签中的图像

代码如下：

```
<!DOCTYPE html>
<html lang="zh-CN">
<head>
    <meta charset="UTF-8">
    <title>figure 标签 </title>
```

```
</head>
<body>
  <figure>
    <figcaption> 两只蝴蝶 </figcaption>
    <img src="images/butterfly.jpg" width="280" height="210">
  </figure>
</body>
</html>
```

任务解析

（1）<figure> 标签中包含了插入的图像。

（2）<figcaption> 标签定义 <figure> 元素的标题，<figcaption> 标签的位置可以在 <figure> 元素的第一个，也可以在最后一个子元素的位置。

任务 3 利用 <hgroup> 标签在文档中制作标题组

效果如图 4-4 所示。

风雨历程下的峥嵘岁月
——致敬改革开放四十周年

图 4-4　标题组

代码如下：

```
<!DOCTYPE html>
<html lang="zh-CN">
<head>
  <meta charset="UTF-8">
  <title>group 标题组 </title>
</head>
<body>
  <hgroup>
    <h1> 风雨历程下的峥嵘岁月 </h1>
    <h2>——致敬改革开放四十周年 </h2>
  </hgroup>
</body>
</html>
```

任务 4 利用 <mark> 元素高亮显示关键内容

效果如图 4-5 所示。

价格便宜油耗低10万入手不容错过

图 4–5　高亮显示

代码如下:

```
<!DOCTYPE html>
<html lang="zh-CN">
<head>
   <meta charset="UTF-8">
   <title> 高亮显示 </title>
</head>
<body>
   <h3> 价格便宜油耗低 <mark>10 万 </mark> 入手不容错过 </h3>
</body>
</html>
```

任务 5　利用 HTML5 表单功能制作注册表单

效果如图 4-6 所示。

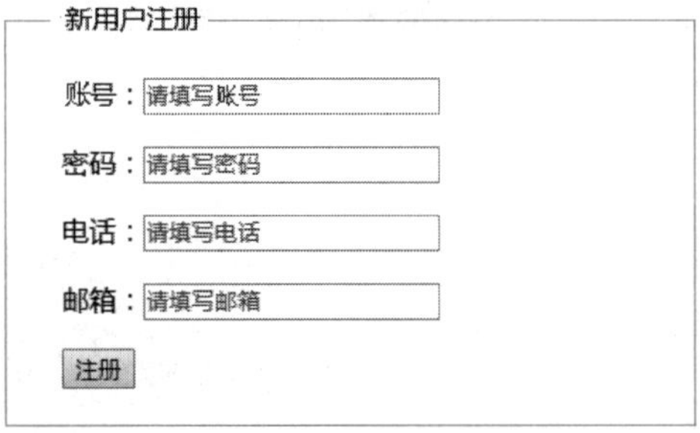

图 4–6　HTML5 表单功能

代码如下:

```
<!DOCTYPE html>
<html lang="zh-CN">
<head>
   <meta charset="UTF-8">
   <title> 增强表单 </title>
</head>
<body>
   <form action="">
       <fieldset>
           <legend> 新用户注册 </legend>
```

```
                <p> <label for="user"> 账号：</label> <input type="text" id="user" placeholder=" 请填写账
号 " required=""> </p>
                <p> <label for="pwd"> 密码：</label> <input type="password" id="pwd" placeholder=" 请填
写密码 " required> </p>
                <p> <label for="tel"> 电话：</label> <input type="tel" id="tel" placeholder=" 请填写电话 "
required="required"> </p>
                <p> <label for="eml"> 邮箱：</label> <input type="email" id="eml" placeholder=" 请填写
邮箱 " > </p>
                <p> <input type="submit" value=" 注册 "> </p>
            </fieldset>
        </form>
    </body>
</html>
```

任务解析

（1）<input type="tel"> 用于让用户输入和编辑电话号码。

（2）<input type="email"> 用于表示语义上的 e-mail 地址输入域，支持 HTML5 的浏览器会自动验证 e-mail 域值的格式合法性。当输入的不是 e-mail 格式的内容时，在支持 HTML5 的浏览器中提交该表单会出现一个提示：不是合法的 e-mail 格式。

（3）placeholder=" 描述信息 "，placeholder 属性提供可描述输入字段预期值的提示信息。该提示会在输入字段为空时显示，并会在字段获得焦点时消失。

（4）required 属性有 3 种写法：required=""、required、required="required"，都表示此项是必填选项。

（5）<label> 是 HTML 早期版本就有的标签，label 元素不会向用户呈现任何特殊效果。不过，它为鼠标用户改进了可用性。在本例中，如果在 label 元素内单击文本，也会触发 <input> 控件。也就是说，当用户选择该标签时，浏览器就会自动将焦点转到和标签相关的表单控件上，使用的时候要让 <label> 标签的 for 属性与相关元素的 id 属性相同。

技能检测

一、选择题

1. 在 HTML5 中，下列哪对标签表示导航的语义？（　　　）

　A. <header> </header>　　　　　　　B. <footer> </footer>

　C. <nav> </nav>　　　　　　　　　　D. <a> </a>

2. 在 HTML5 中，关于 <figure> 标签说法正确的是（　　　）。

　A. <figure> 属于块级元素

B. <figure> 是 <figcaption> 的子标签

C. <figcaption> 标签必须在 <figure> 元素的第一个

D. 以上说法都不对

3. 下列哪对标签表示高亮显示？（　　　　）

A. <marker> </marker>   B. <li> </li>

C. <mark> </mark>   D. <b> </b>

4. required 属性有 3 种写法，以下哪种写法不正确？（　　　）

A. required=""   B. required="required"

C. required   D. required="true"

5. <input> 标记的 type 值为下列哪个值时表示限定输入邮箱地址？（　　　）

A. <input type="eml">   B. <input type="e-mail">

C. <input type="mail">   D. <input type="email">

二、操作题

1. 利用 <figure> 标签制作如图 4-7 所示的一组带标题的图像。

都市生活

绚丽人生

缤纷旅途

图 4-7　图像组

2. 利用标题组和高亮标签制作如图 4-8 所示的广告页面。

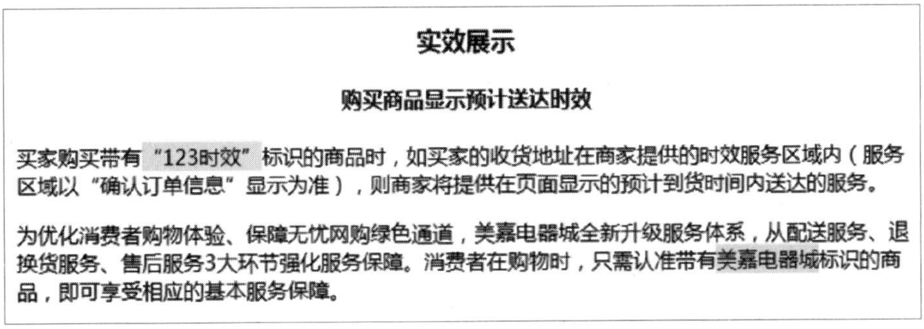

实效展示

购买商品显示预计送达时效

买家购买带有 "123时效" 标识的商品时，如买家的收货地址在商家提供的时效服务区域内（服务区域以 "确认订单信息" 显示为准），则商家将提供在页面显示的预计到货时间内送达的服务。

为优化消费者购物体验、保障无忧网购绿色通道，美嘉电器城全新升级服务体系，从配送服务、退换货服务、售后服务3大环节强化服务保障。消费者在购物时，只需认准带有美嘉电器城标识的商品，即可享受相应的基本服务保障。

图 4-8　广告页面

単元 **5**

CSS3 基础

📖 单元导读

　　制作精美的网页离不开 CSS 样式的使用，本单元主要介绍 CSS 的 3 种样式表的使用
方法和多种选择器的使用规则，以及 CSS3 关于文本、背景、列表的常用属性。

📚 学习目标

✔ 掌握内联样式表的使用规则。
✔ 掌握内嵌样式表的使用规则。
✔ 掌握外部样式表的使用规则。
✔ 掌握 CSS3 基础选择器的使用方法。
✔ 掌握 CSS3 高级选择器的使用方法。
✔ 掌握 CSS3 伪类选择器和伪元素选择器的使用方法。
✔ 掌握 CSS3 不同引用方式的优先级。
✔ 掌握 CSS3 关于文本、背景、列表的常用属性。

📙 思政目标

　　本单元讲解的 CSS 技术可使页面更美观，编辑效率更高，代码更规范，学生应从中
体会"美"的重要性，明白美观的界面能给人带来更舒适的功能体验与美的享受，进而
培养学生的审美观，提升鉴赏美、创造美的能力，使学生具有高尚的情操和文明的素质。

5.1　CSS3 简介

　　CSS 的英文全称为 Cascading Style Sheets，叫作层叠样式表，是一种用来表现 HTML 文件样式的计算机语言。CSS 不仅可以静态地修饰网页，还可以配合各种脚本语言动态地对网页各元素进行格式化。CSS 的优点如下：

　　（1）提供的文档样式的外观非常丰富，对文本和背景样式的控制能力强大，允许为各种元素进行灵活多变的样式设置。

　　（2）使样式的表现和元素内容分开，设计好的样式甚至可以独立存放在一个文件中，使代码更加易于修改，便于对网页风格进行更新与维护。

　　（3）样式可以重复使用，简化了网页的格式代码，使代码结构更清晰、更规范，节约下载流量，提升下载速度，也有利于搜索引擎的搜索。

　　CSS3 是 CSS 的升级版本。

5.2　CSS 样式的 3 种使用方式

　　CSS 样式可以直接写在 HTML 文档之内，也可以以独立文件的形式存放在文档外部，使用的时候再去调取，CSS 样式的设置有以下 3 种方式：

　　◆　内联样式：也叫行内样式，是将样式以标签属性的形式写在所要设置的标签后面。

　　◆　内嵌样式：将样式写在网页文件头部 <head> 标签内，一个样式可以在页面之内被多次利用。

　　◆　外部样式：将样式以独立的文件存储，文件格式为 .css，样式表文件可以被各个 HTML 文件多次调用。

5.3　CSS3 初级选择器

5.3.1　标签选择器（html 标签选择器）

　　标签选择器是指以网页文档标签名称作为选择器，也被称作元素选择器，如 body、p、h1、img、ul、li、td 等，甚至 html 标签也可以作为选择器，本单元的任务 1、任务 3、任务 4 便是以标签名称作为选择器。标签选择器的作用域为文档中所有符合条件的标签，它的格式为直接在花括号前输入标签名称，如：

```
html{color:black;}
p{font-family:" 仿宋 ";}
h2{text-align:center;
    font-size:24px;}
```

5.3.2 类选择器（class 选择器）

类选择器是指以标签的 class 属性值作为选择器，类选择器以一种独立于文档元素的形式指定样式，用于定义页面中公共部分的样式，通过直接引用 class 属性值而应用样式。使用格式为在类名前面加 "."号，类名可以用字母随意命名，但最好做到见名知意。使用该选择器时需要注意以下 3 点：

（1）定义样式时，类选择器前边以 "."号开头，后边紧跟类名，类名可以由字母、减号或数字组成，但必须以字母开头，区分大小写，而且不要与 HTML 现有的标签重名，以免混淆。

（2）在调用样式时，类名前面的 "."号要去掉。

（3）如果某个标签要同时调用多个 class 样式，多个样式名要用空格分隔。

5.3.3 ID 选择器

ID 选择器是通过标签的 id 属性来调用样式，以 "#"号开头，在 html 网页中，每一个标签都可以有 id 属性，id 表示标识，经常与 <div> 标签配合使用来布局页面，id 的值具有唯一性，不能互相重复。

5.3.4 后代选择器

后代选择器也称作包含选择器，选择其后所有匹配的后代元素，用来对某些具有包含关系的元素定义样式，使用的时候用空格分隔，应用十分广泛。

5.3.5 群组选择器

群组选择器用来对多个对象进行相同样式的设置，多个选择器之间用逗号 ","分隔，减少了多次书写相同样式代码的麻烦，使 CSS 代码结构更加清晰简洁。

5.3.6 通配符选择器

通配符选择器使用一个星号 "＊"表示选定文档中所有的元素，经常用于初始化内边距、外边距等，虽然使用方便，但是占用的浏览器资源很大，实际使用时，通常是先确定涉及哪些对象，再用群组选择器来选定。

5.4 CSS3 高级选择器

5.4.1 子元素选择器

子元素选择器是指只能用于选择某个元素的子元素，相比后代选择器来说，其范围缩小了。使用大于号 "＞"连接两个选择器。

5.4.2 相邻兄弟选择器

相邻兄弟选择器是指用于选择紧挨着的另一元素后边的元素，二者必须有相同的父元素。用加号"+"连接两个选择器。

5.4.3 兄弟选择器

兄弟选择器是指用于选择某个元素后边的所有符合条件的元素，二者必须有相同的父元素。用波浪线"~"连接两个选择器。

5.4.4 属性选择器

属性选择器是根据对象是否具有某种属性，或根据属性值的特点来进行选择，CSS3 的常用属性选择器如下（E 代表选择器，可以省略，attr 代表属性名称，val 代表属性值）：

* E[attr]：选择所有包含 attr 属性的元素，任何属性值都可以。
* E[attr=val]：选择具有 attr 属性，并且 attr 的值是 val 的元素。
* E[attr^=val]：选择具有 attr 属性，并且 attr 的值以 val 开头的元素。
* E[attr$=val]：选择具有 attr 属性，并且 attr 的值以 val 结尾的元素。
* E[attr~=val]：选择具有 attr 属性，并且 attr 的值包含 val 的元素。
* E[attr*=val]：选择具有 attr 属性，并且 attr 的值包含 val 的元素。

E[attr~=val] 与 E[attr*=val] 的区别是：[attribute~=value] 是指属性中必须包含 value 的单独单词，不能是单词的一部分；而 [attribute*=value] 是指属性中只要包含 value 这几个字母就可以，即使 value 为属性值的一部分字母也可以。

5.5 CSS 伪类选择器和伪元素选择器

5.5.1 CSS 伪类选择器

CSS 伪类是一种特殊的 CSS 定义方法，是 CSS 中已经定义好的选择器，主要用于对超级链接显示效果的定义，超级链接的样式通常默认为蓝色有下划线，访问过之后，会变成紫色，为了使不同用途的超级链接具有不同的样式，需要使用 CSS 伪类选择器进行重新设置。超级链接对应的 4 种状态为 link、visited、hover、active。

* a:link：link 表示链接，是指当文本为超级链接时的属性。
* a:visited：visited 表示已经访问过，是指文本被单击之后的属性。
* a:hover：hover 表示悬停，是指鼠标指针放在这个链接上时的属性。
* a:active：active 表示激活，是指鼠标按下一瞬间的属性。

a:active 很少定义，其他的根据具体需要进行设置。

5.5.2　CSS 伪元素选择器

伪元素选择器不是针对真正的元素进行选择，通常是选择了元素的一部分。

- ::first-letter 伪元素：用于向文本的首字母设置特殊样式。
- ::first-line 伪元素：用于向文本的首行设置特殊样式。
- ::before 伪元素：用于在元素的内容之前插入新内容。
- ::after 伪元素：用于在元素的内容之后插入新内容。

5.6　CSS 优先级

CSS 选择器的种类相当多，在实际网页设计中，难免会出现多个选择器不同的 CSS 样式应用在了同一元素上的情况，浏览器最终会采用谁的样式呢？以下是优先级由低到高的应用顺序：

（1）浏览器本身默认的样式。

（2）从父元素继承的样式。

（3）标签选择器的样式。

（4）类选择器的样式。

（5）ID 选择器的样式。

（6）内联样式。

5.7　CSS3 常用属性

5.7.1　文本的相关属性

文本的属性一般应用于段落、标题、列表、超链接、<div> 等所有可以包含文字的元素当中，对文本进行的设置通常有文字大小、字体、文本颜色、水平对齐方式、行高、首行缩进等。

1. 设置文字大小

格式为：font-size:: 文字大小。

文字的大小可以使用多种方式作为标准，具体见表 5-1。

表 5-1　文字大小的单位和含义

单位	含义
px	pixel（像素），由于显示器的分辨率不同，不同浏览者看到的大小可能不同，属于相对单位
in	inch（英寸），不会因显示器的变化而变化，属于绝对单位

续表

单位	含义
cm	centimeter（厘米），不会因显示器的变化而变化，属于绝对单位
mm	millimeter（毫米），不会因显示器的变化而变化，属于绝对单位
pt	point（点），常用于排版印刷，1pt = 1/72 英寸，属于绝对单位
em	em 表示相对于父元素中字体大小的倍数。例如，父元素中的字体大小为 16px，那么 2em 就是 2×16px=32px。在英文字符中，由于不同的字母的宽度不一样，因此以大写字母 M 为参照，属于相对单位

代码示例：

font-size:16px;
font-size:2em;

2. 设置字体

格式为：font-family: " 字体名称 "。

字体名称可以写多个，中间用逗号"，"分隔，表示首选前面的字体，如果计算机中没有，则依次选择后面的字体，如果全都没有，则使用浏览器默认的字体，双引号、逗号以及分号都要使用英文状态的符号。

代码示例：

font-family:" 华文行楷 "," 仿宋 "," 黑体 ";
font-family:" 隶书 ";

3. 设置文字颜色

格式为：color: 颜色格式。

最容易理解的表示颜色的方式是直接写上颜色的英文单词，此外，网页中表示颜色的方式还有许多。在计算机中经常使用 RGB 颜色模型来表示颜色，RGB 颜色模型采用红、绿、蓝这 3 种颜色作为基色，R 代表红色（Red），G 代表绿色（Green），B 代表蓝色（Blue），在自然界中肉眼所能看到的任何色彩，基本上都可以由这 3 种颜色混合叠加而成，称为加色混色模式。红色叠加绿色形成黄色，绿色叠加蓝色形成青色，红色叠加蓝色形成洋红，3 种颜色叠加在一起形成白色。按照颜色的明亮程度由弱到强，每种颜色的数值范围均为 0~255，当 3 种颜色的通道都不发光时，也就是 3 种颜色的值都为 0 时，形成黑色；当只有红色通道发光时，值为最大值 255，其他通道都为 0 时产生纯红色；当只有绿色通道发光时产生纯绿色；当只有蓝色通道发光时产生纯蓝色。当 3 种颜色取任意不同的值时，就产生了千变万化的颜色，比如：R 值为 240，G 值为 200，B 值为 90 时，形成淡黄色；R 值为 100，G 值为 50，B 值为 150 时，形成紫色。当 3 种颜色的值都达到最大值 255 时，形成纯白色；当 3 种颜色的值相同时，结果为灰色，它们的值越大，这种灰色就越亮，越接近于白色。

因为每种颜色的数值范围均为 0~255，也就是有 256 种数值，所以 256 级的 RGB 色彩一共能组合出 256×256×256=16 777 216 种颜色。如此就产生了千变万化的色彩。

常见的表示颜色的方式有 5 种，具体见表 5-2。

表 5-2　颜色的表示方式

表示方式	示例	颜色
颜色的英文名称	color：red;	纯红色
六位数的十六进制代码	color：#ff0000;	纯红色
三位数的十六进制代码	color：#f00;	纯红色
rgb(数值，数值，数值)	color：rgb(255,0,0);	纯红色
rgb(百分比，百分比，百分比)	color：rgb(100%,0%,0%);	纯红色
rgba(数值，数值，数值，数值)	color：rgba(255,0,0,0.5);	半透明的纯红色

rgb（数值，数值，数值）中，3 个数值依次代表红，绿，蓝的成分，数值范围是 0~255。rgb（百分比，百分比，百分比）中的百分比范围是 0~100%。rgba（数值，数值，数值，数值）中，a 代表不透明度，对应的最后一个数值表示不透明的程度，范围是 0~1，0 代表完全透明，1 代表完全不透明。六位数的十六进制代码，前两位指定红色的数值，中间两位指定绿色的数值，后两位指定蓝色的数值。三位数的十六进制代码当中，一位相当于两位，例如 #fe8 相当于 #ffee88、#95e 相当于 #9955ee。

4. 设置文字的水平对齐方式

文字的水平对齐方式可以设置为左、中、右和两端对齐等。

格式为：

- text-align:center;：水平居中。
- text-align:left;：水平靠左。
- text-align:right;：水平靠右。
- text-align:justify;：两端对齐。

5. 设置文字行高

通过设置文字行高可控制行间距，不可以使用负值。

格式为：

- line-height: 数字;：行间距为此数字与当前字体尺寸的乘积。
- line-height: 百分比;：行间距为当前字体尺寸的百分比。
- line-height: 长度+单位;：行间距为固定单位的大小。
- line-height: inherit;：继承父元素 line-height 属性的值。

代码示例：

```
line-height:2;
line-height:200%;
line-height:24px;
line-height:2em;
```

6. 设置文字的首行缩进

设置文本块中首行文本的缩进量，可以使用负值，此时首行会被缩进到左边，形成近似于悬挂缩进的效果。

格式为：

* text-indent: 百分比；：首行缩进为父元素宽度的百分比。
* text-indent: 长度 + 单位；：首行缩进为固定单位的大小，默认是 0。
* text-indent: inherit;：继承父元素 text-indent 属性的值。

代码示例：

```
text-indent:20%;
text-indent:40px;
text-indent:2em;
```

5.7.2 背景的相关属性

为网页或者网页上的某个区块添加背景会使网页效果增色不少，可以使用颜色作为背景，也可以使用图片作为背景。

（1）background-color：设置元素的背景颜色，以一种纯色作为背景。此颜色会充满元素边框内所有区域。如果边框是半透明的，或者有透明部分，比如点划线边框，背景色会透过这些透明部分显示出来。

代码示例：

```
background-color:yellow;
background-color:#00ff00;
background-color:rgb(255,0,255);
background-color:transparent; 透明背景（默认）
```

（2）background-image：背景图像默认从元素的左上角开始平铺，在水平和垂直方向上重复。

代码示例：

```
background-image: url(bgimage.gif);
```

（3）background-repeat：设置背景图像是否重复和在哪个方向重复。

- repeat：默认值，背景图像在水平方向和垂直方向都重复。
- repeat-x：在水平方向重复背景图像。
- repeat-y：在垂直方向重复背景图像。
- no-repeat：背景图像只显示一次，不重复。

代码示例：

```
background-repeat: no-repeat;
```

（4）background-position：设置背景图像的位置，具体见表 5-3。

表 5-3　background-position 的属性值

使用方式	描述（第一个值表示水平位置，第二个值表示垂直位置）
top left top center top right center left center center center right bottom left bottom center bottom right	默认值是 top left。 如果只设置一个值，第二个值默认是 "center"。 先说上下，再说左右
水平百分比垂直百分比	默认值是 0% 0%。 左上角的位置是 0% 0%，右下角的位置是 100% 100%。 如果只设置一个值，第二个值默认是 50%
水平位置垂直位置	左上角是 0 0，单位可以是像素 px 或其他。 如果只设置一个值，第二个值默认是 50%

（5）background-attachment：当页面内容非常多，一屏显示不下而需要拖动滚动条时，设置背景图像是固定不动还是随页面的滚动而滚动。

- scroll：默认值，背景图像随着页面的滚动而滚动。
- fixed：当页面上的内容滚动时，背景图像位置固定不变。

代码示例：

```
background-attachment: fixed;
```

（6）background：可以设置所有的背景属性，包括：background-color、background-image、background-repeat、background-position、background-attachment、background-size、background-origin、background-clip，可以只设置需要的某几个值，这种写法被称作复合属性或简写属性。该属性同时广泛应用于其他的 CSS 属性中，推荐首选这个属性，而不是单独使用各个背景的属性，以减少书写代码的工作量。

代码示例：

background:#eeeeff url(flower.jpg);

5.7.3 列表的相关属性

列表能够有条理地显示数据，更能很好地对网页上的元素进行布局，是制作超级链接导航栏的重要标签。CSS 提供了一些列表属性可以更好地控制列表的样式，具体如下：

* list-style-type：设置列表项标记的类型。
* list-style-position：设置列表项标记的位置。
* list-style-image：使用图像作为列表项的标记。
* list-style：简写属性，可以将以上几种属性写在一句代码中。

5.7.4 边框的相关属性

1. 常用的边框属性

* border：复合属性，可以将 4 条边的属性设置在一个声明中。
* border-width：为元素的所有边框设置宽度，或者单独为各边框设置宽度，常用单位为像素 (px)、em，或者使用 thin 细边框、medium 默认、thick 粗边框。
* border-style：设置元素所有边框的样式，或者单独为各边设置边框样式，边框类型包括 none（无边框）、dotted（点状线）、dashed（虚线）、solid（实线）、double（双线）、groove 3D（凹槽边框）、ridge 3D（脊状边框）、inset 3D（inset 边框）、outset 定义 3D（outset 边框）。
* border-color：设置元素的所有边框中可见部分的颜色，或为 4 个边分别设置颜色。
* border-bottom：设置下边框的所有属性。
* border-bottom-color：设置元素的下边框的颜色，边框有 4 个方向，具体情况见表 5-4。

表 5-4　常用的边框属性

属性	描述
border-bottom-color	设置元素下边框的颜色
border-bottom-style	设置元素下边框的样式
border-bottom-width	设置元素下边框的宽度
border-left	简写属性，将左边框的所有属性设置到一个声明中
border-left-color	设置元素左边框的颜色
border-left-style	设置元素左边框的样式

续表

属性	描述
border-left-width	设置元素左边框的宽度
border-right	简写属性，将右边框的所有属性设置到一个声明中
border-right-color	设置元素右边框的颜色
border-right-style	设置元素右边框的样式
border-right-width	设置元素右边框的宽度
border-top	简写属性，将上边框的所有属性设置到一个声明中
border-top-color	设置元素上边框的颜色
border-top-style	设置元素上边框的样式
border-top-width	设置元素上边框的宽度

2. CSS3 新增的边框属性

（1）border-radius：设置边框的圆角效果，具体用法见表 5–5。

表 5–5　CSS3 边框属性

属性	描述
如果属性值只写 1 个	则同时设定 4 个角的圆角
如果属性值写 2 个	分别设定左上右下、左下右上圆角
如果属性值写 3 个	分别设定左上、左下右上、右下圆角
如果属性值写 4 个	分别设定左上、右上、右下、左下圆角
border-top-left-radius	左上角圆角边框
border-top-right-radius	右上角圆角边框
border-bottom-right-radius	右下角圆角边框
border-bottom-left-radius	左下角圆角边框

（2）border-image 设置图片边框。

border-image：复合属性，可使用图像来填充边框，可以依次设置以下属性，见表 5–6。

表 5–6　图片边框属性

属性	描述
border-image-source	图像来源路径
border-image-slice	边框背景图的分割方式
border-image-width	边框的宽度
border-image-outset	边框背景图的扩展（边框图像区域超出边框的量）
border-image-repeat	边框图像的平铺方式：stretch 拉伸 /repeat 重复铺满 /round 重复铺满并对图片进行调整

5.7.5 添加阴影

box-shadow 属性用于为元素添加一个或多个阴影。

属性值依次为：阴影水平偏移值、阴影垂直偏移值、阴影模糊值、阴影外延值、阴影的颜色、inset 内阴影（默认值为 outset）。前两个值是必填值，不可以省略。

5.7.6 渐变效果

在 CSS3 中，还可以使用渐变颜色填充背景，可以使用 background-image 属性，也可以使用 background 属性。

1. 线性渐变 linear-gradient

linear-gradient(方向 / 角度，颜色 1，颜色 2，……)；

（1）水平或垂直方向的渐变。

◆ background-image: linear-gradient(red,orange); /* 默认方向从上到下，由红到橙黄渐变 */，如图 5-1 所示。

图 5–1　线性渐变效果 1

◆ background-image: linear-gradient(to left,red,orange); /* 从右到左，由红到橙黄渐变 */，如图 5-2 所示。

图 5–2　线性渐变效果 2

（2）有角度的渐变。

◆ background-image: linear-gradient(to left bottom,red,yellow); /* 从右上角向左下角 */，如图 5-3 所示。

图 5–3　线性渐变效果 3

◆ background-image: linear-gradient(30deg,white,blue); /* 角度 30 度由白到蓝 */，如

图 5-4 所示。

图 5-4　线性渐变效果 4

（3）多种颜色的渐变。

◆ background-image: linear-gradient(to left bottom,red,yellow,green,blue,magenta); /* 从右上角向左下角的线性渐变，颜色依次是红、黄、绿、蓝、洋红 */，如图 5-5 所示。

图 5-5　线性渐变效果 5

（4）多种颜色重复渐变。

◆ background-image: repeating-linear-gradient(to right bottom,red 20px,yellow 40px); /* 像素数指出颜色的起始位置 */，如图 5-6 所示。

图 5-6　线性渐变效果 6

2. 径向渐变：radial-gradient

radial-gradient(形状，颜色 1，颜色 2，……);

径向渐变有两种形状：ellipse 椭圆形（默认）和 circle 圆形。

◆ background: radial-gradient(red,yellow,green);/* 径向渐变，颜色从内到外依次是红、黄、绿 */，如图 5-7 所示。

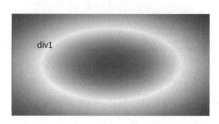

图 5-7　径向渐变效果 1

◆ background: radial-gradient(circle,red,yellow,green);/* 形状：圆形颜色 1，颜色 2，颜色 3*/，如图 5-8 所示。

图 5-8　径向渐变效果 2

◆ background: radial-gradient(circle at top,red,yellow,green); /* 可以设置圆心的位置 */，如图 5-9 所示。

图 5-9　径向渐变效果 3

◆ background: radial-gradient(circle at right top,red,yellow,green);/* 径向渐变，径向圆的中心在右上角，颜色从内到外依次是红、黄、绿 */，如图 5-10 所示。

图 5-10　径向渐变效果 4

◆ background: radial-gradient(circle 50px,red yellow,green);/* 像素值表示填充区域中看到的最大圆的半径 */，如图 5-11 所示。

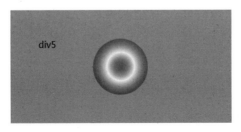

图 5-11　径向渐变效果 5

◆ background: radial-gradient(circle closest-side,red,yellow,green);/*closest-side 用于指定径向渐变的半径为从圆心到离圆心最近的边 */，如图 5-12 所示。

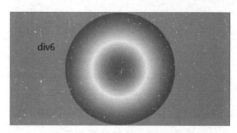

图 5-12　径向渐变效果 6

◆ background: repeating-radial-gradient(circle 50px,red,yellow,red);/* 两种颜色的重复径向渐变，颜色从内到外依次是红、黄交替 */，如图 5-13 所示。

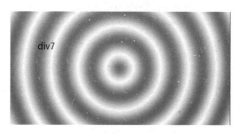

图 5-13　径向渐变效果 7

单元实训

任务 1　CSS 样式实例体验

输入如下代码，观察网页内容样式，分析 CSS 代码的应用。

```
<!DOCTYPE html>
<html lang="zh-CN">
<head>
    <meta charset="UTF-8">
    <title> 为 div 标签添加样式 </title>
    <style type="text/css">
        div{
            width:420px;
            height:240px;
            background:#eeeeff;
            border:3px solid orange;
            text-align:center;
```

```
                }
        </style>
    </head>
    <body>
        <div>
            <p> 北京 </p>
            <p> <img src="images/illime.png"> </p>
        </div>
    </body>
    </html>
```

效果如图 5-14 所示。

图 5-14   CSS 样式实例

任务解析

（1）在本例中，CSS 样式被写在了头部标签 <head> 中，样式中的语句要用一对 <style> 标签括起来。

（2）每一组样式要用一对花括号 {} 括起来，本例中的花括号中共有 5 条语句，每条语句以分号 ";" 结束。

（3）花括号前面是 div，表示要把这组样式加到标签为 div 的对象上。

（4）width: 420px; 表示宽度设置为 420 像素，height:240px; 表示高度设置为 240 像素，注意 CSS 样式中的属性值用冒号 ":" 赋值，而不是等号。

（5）background: #eeeeff; 表示背景颜色设置为淡紫色，#eeeeff 是这种淡紫色的六位颜色代码。

（6）border: 3px solid orange; 表示边框粗细为 3 像素，线型为实线，颜色为橘黄色。

（7）text-align: center; 表示 <div> 内部的内容居中显示。

（8）未采用 CSS 样式的 HTML 页面单调杂乱，合理地使用了 CSS 样式后，网页更加规整、美观，可读性更强。

任务 2 内联样式的使用

输入如下代码，制作"诗文"页面，注意内联样式的使用并观察页面效果。

```
<!DOCTYPE html>
<html lang="zh-CN">
<head>
    <meta charset="UTF-8">
    <title> 春晓 </title>
</head>
<body>
    <h3 style="color:red;"> 春晓 </h3>
    <p style="color:green;font-size:16px;"> 春眠不觉晓， </p>
    <p style="color:green;font-size:16px;"> 处处闻啼鸟。 </p>
    <p style="color:green;font-size:16px;"> 夜来风雨声， </p>
    <p style="color:green;font-size:16px;"> 花落知多少。 </p>
</body>
</html>
```

效果如图 5-15 所示。

图 5-15 "诗文"页面 1

任务解析

（1）在本例中，CSS 样式以标签属性的形式写在所要设置的标签后面，属于内联样式或称行内样式，style 属性值表示要应用的样式语句，每条样式语句要以分号";"结束，如果有多条样式，最后一条样式语句的分号可以省略。

（2）<h3 style="color: red; "> 表示将此三级标题的文字颜色设置为红色。

（3）<p style="color: green; font-size: 16px;"> 表示将此段落的文字设置为绿色，字号设置为 16 像素，在 CSS 中，如果像素值为非零，像素单位 px 不可以省略。

（4）4 对 <p> 标签应用的样式代码是相同的，重复写了 4 次。由此可见，行内样式是没有办法重新利用的，这样的代码显得冗长、繁重、不规范，不利于编辑与运行。因此，行内样式的使用并不常见，在大型网站的设计中不推荐大量使用行内样式。

任务3 内嵌样式表的使用

输入如下代码，制作"诗文"页面，注意内嵌样式表的使用并观察页面效果。

内嵌样式表
的使用

```
<!DOCTYPE html>
<html lang="zh-CN">
<head>
    <meta charset="UTF-8">
    <title> 村居 </title>
    <style type="text/css">
        body{
            background: #eeffee;
        }
        h2{
            font-family: " 宋体 ";
            text-align: center;
        }
        p{
          font-size:20px;
          font-family: " 仿宋 ";
          text-align:center;
        }
    </style>
</head>
<body>
    <h2> 村居 </h2>
    <p> 草长莺飞二月天， </p>
    <p> 拂堤杨柳醉春烟。 </p>
    <p> 儿童散学归来早， </p>
    <p> 忙趁东风放纸鸢。 </p>
</body>
</html>
```

效果如图 5-16 所示。

村居

草长莺飞二月天，

拂堤杨柳醉春烟。

儿童散学归来早，

忙趁东风放纸鸢。

图 5-16 "诗文" 页面 2

任务解析

（1）在本例中，CSS 样式被写在了网页文档头部标签 <head> 中，是内嵌样式表，样式中的语句必须写在一对 <style> 标签内。

（2）每一组样式必须用一对花括号 {} 括起来，不能采用其他类型的括号，每条语句以分号 "；" 结束。注意 CSS 代码中的所有符号，比如分号、冒号、双引号等，必须使用英文半角符号，否则 CSS 代码将不能正常运行。

（3）花括号前面是标签名称，表示要把这组样式加到相应的标签对象上。

（4）font-family: "仿宋"；表示设置字体为仿宋。text-align: center; 表示水平方向上的对齐方式为居中。

（5）4 对 <p> 标签应用的样式是相同的，样式代码只在头部写了一次，由 <p> 标签名指出样式要应用在所有的 <p> 标签上。由此可见，内嵌样式表使样式得到了重复利用，代码显得简单、规整，方便编辑，运行速度快，因此，内嵌样式表的使用比较常见。

任务 4　外部样式表的使用

输入如下代码，制作"散文"页面，注意外部样式表的使用并观察页面效果。

HTML 文档代码（index.html）如下：

```
<!DOCTYPE html>
<html lang="zh-CN">
<head>
  <meta charset="UTF-8">
  <title> 故乡的秋 </title>
      <link rel="stylesheet" type="text/css" href="sanwen.css"></head>
<body>
      <h3> 落叶故乡 </h3>
      <p> 今年故乡的秋，好像雨特别的多，不知从什么时候开始，淅淅沥沥下个没停。已多年不见故乡的秋，是怎样的零落与飘零，是怎样的凄楚与萧瑟。家乡比较冷，树叶落得比其他地方早，也比其他地方多了一丝丝的凄凉与荒凉感。我是个不太喜欢秋的人，不舍看到落叶随风飘零的凄凉感，也不喜整日秋雨绵绵的阴沉忧郁感，总觉得这样的天气，会带走许多的情绪。</p>
      <p> 已经不记得有多少年没在家乡品秋了，看一树的绿意渐渐变得枯黄，看一树养眼的绿，片片凋谢，落在养它的大地上，那么的随意，那么的自在。看着这样的场景，突然想起一句诗，落红不是无情物，化作春泥更护花。不知明年的秋是否和今年一样，一样让人揪心，让人心生怜惜。</p>
      <p> 游走在陌生的城市，总是会怀念家乡一切的美，回归故里，看着一切熟悉的场景，那蜿蜒曲折的小路，那闭上眼都能描绘出的风景，那淳朴的民情风俗，一切都是那么美。可是突然回到养育了我二十几年的家乡，除了舒心外，多了一丝的无奈与孤独。仿佛生活在这个尘世里的每一个人，或多或少，都有属于自己的无奈。像这个秋，不想零落的叶。</p>
      </body>
      </html>
```

CSS 文件代码（sanwen.css）如下：

```
@charset "UTF-8";
body{
    background-image:url(images/back.png);
        }
p{
    font-size:16px;
    text-indent:30px;
    }
h3{
    text-align: center;
    }
```

效果如图 5-17 所示。

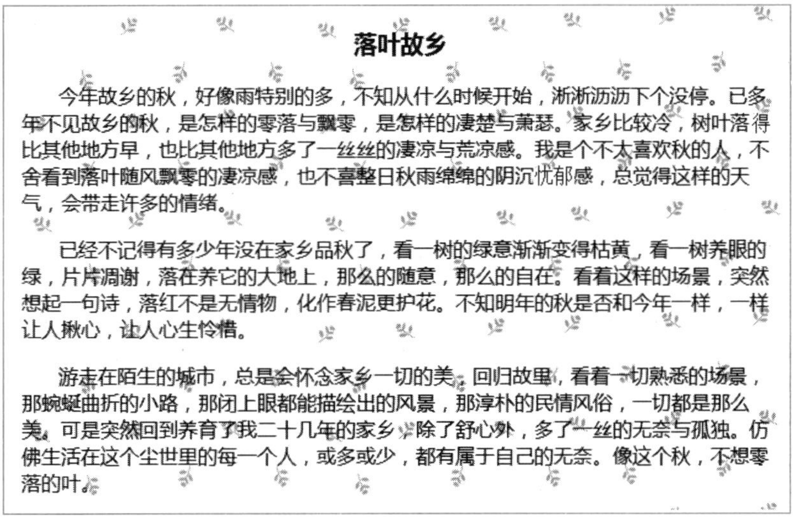

图 5-17 "散文"页面 1

实施步骤

步骤 1：打开 Sublime Text，先制作 HTML5 文档，保存为 index.html，输入页面的标签元素后，在头部添加链接到外部样式表的代码 <link rel="stylesheet" type="text/css" href="sanwen.css">。

步骤 2：使用 Sublime Text 新建文件并保存为 CSS 文件，文件保存在站点文件夹下，文件名称输入 sanwen.css，然后输入 CSS 样式代码。

任务解析

（1）在本例中，CSS 样式被写在了网页文档外部，以独立的文件存在，CSS 文

件的扩展名为 .css。要使用外部样式文件，要在网页文档头部使用 <link> 标签。rel="stylesheet"，rel 是 relationship 的英文缩写，表示关联；stylesheet 中的 style 表示样式，sheet 是表格的意思，连起来表示样式表。

（2）type="text/css" 表示嵌入内容的类型为 CSS 样式。

（3）href 指出调用的样式表文件的存储位置和文件名。

（4）CSS 样式文件要以 @charset "UTF-8"; 开头，指出使用的字符集，后面的分号不能省略。

（5）样式以独立的文件存在，其他的文档也可以通过 <link> 标签应用，达到多次利用的目的。

任务 5 类选择器的使用

输入如下代码，制作"笑话二则"页面，注意类选择器的使用并观察页面效果。

```
<!DOCTYPE html>
<html lang="zh-CN">
<head>
  <meta charset="UTF-8">
  <title> 开心一刻 </title>
  <style type=text/css>
  article{width:400px;
        height:320px;
        border:1px solid blue;
        }
      .font16{font-size:16px;}
      .text-red{color:red;}
      .bgcolor1{background: #ffeeee;}
      .bgcolor2{background: #eeffee;}
      .indent{text-indent:2em;}
  </style>
</head>
<body>
<article>
  <h1 class="text-red"> 笑话二则 </h1>
  <section class="bgcolor1 indent">
    <h2 class="font16 text-red"> 梦想 </h2>
      <p> 我有一个梦想，就是戴着墨镜开着兰博基尼衣锦还乡，经过 20 多年的努力，已经实现一
半了，我拥有了墨镜。</p>
    </section>
    <section  class="bgcolor2 indent">
      <h2  class="font16 text-red"> 叫人还钱 </h2>
      <p> 叫人还钱，就像是暗恋一样，总觉得不好意思说！当你鼓起勇气说了，搞不好连朋友都
```

没得做！</p>
　　</section>
　</article>
</body>
</html>

效果如图 5-18 所示。

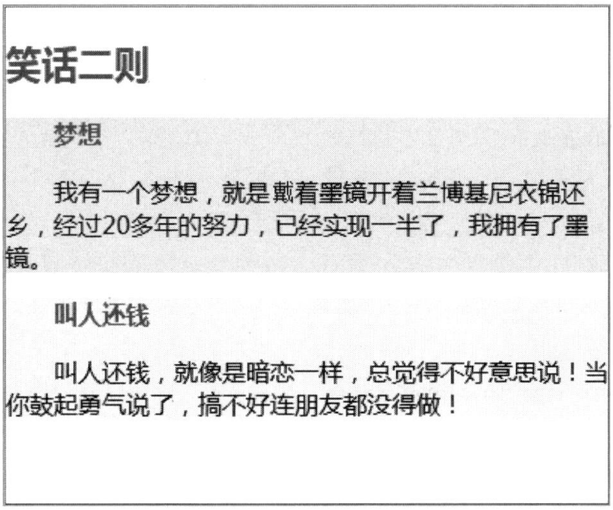

图 5-18 "笑话二则"页面

任务解析

（1）<article> 使用的是标签选择器。

（2）<h1>、<h2>、<section> 都通过 class 属性使用了类选择器，<h2>、<section> 都同时调用了两个类的样式，中间用空格分隔。

任务 6　ID 选择器的使用

输入如下代码，制作"汽车展示"页面，注意 ID 选择器的使用并观察页面效果。

```
<!DOCTYPE html>
<html lang="zh-CN">
<head>
  <meta charset="UTF-8">
  <title>ID 选择器的使用 </title>
  <style type="text/css">
      img{width:260px;
          height: 100px;}
        #c1{
```

```
                width:420px;
                height:160px;
                background:#ffeeff;
                border:2px dotted purple;
                text-align:left;
                }
          #c2{
                width:420px;
                height:160px;
                background:#eeeeff;
                border:2px dotted blue;
                text-align:right;
                }
</style>
</head>
<body>
    <div id="c1">
          <h4> 北京 </h4>
          <p> <img src="images/car1.png"> </p>
    </div>
    <br>
    <div id="c2">
        <h4> 大众 </h4>
        <p> <img src="images/car2.png"> </p>
    </div>
</body>
</html>
```

效果如图 5-19 所示。

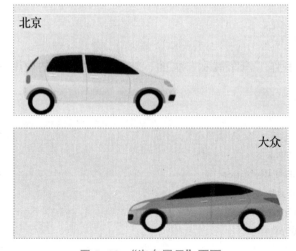

图 5-19   "汽车展示"页面

任务解析

border: 2px dotted purple; 是指 2 像素紫色的点状线。

任务 7 后代选择器的使用

输入如下代码，制作"生活指数"页面，注意后代选择器的使用并观察页面效果。

```
<!DOCTYPE html>
<html lang="zh-CN">
<head>
   <meta charset="UTF-8">
   <title> 后代选择器 </title>
   <style type="text/css">
      .s1 p span{
         color:red;
      }
      .s2 p span{
         color:blue;
      }
   </style>
</head>
<body>
   <section class=s1>
      <h3> 今日天气 </h3>
      <p> 晴转多云 <span> 0 ～ 11℃ </span> </p>
      <p> 当前气温：<span>7℃ </span> </p>
      <p> 湿度：<span>60%</span> </p>
   </section>
   <section class=s2>
      <h3> 今日生活指数 </h3>
      <p><span>3 月 07 日周六 </span> 农历二月十四 </p>
      <p><span> 易发感冒 </span> 请加强自我防护避免感冒 </p>
      <p><span> 适宜晾晒 </span> 请在室外通风的地方晾晒 </p>
   </section>
</body>
</html>
```

效果如图 5-20 所示。

今日天气

晴转多云 0～11℃

当前气温：7℃

湿度：60%

今日生活指数

3月07日 周六农历二月十四

易发感冒请加强自我防护避免感冒

适宜晾晒请在室外通风的地方晾晒

图 5-20 "生活指数"页面

任务解析

（1）<span> 是 <p> 的子元素，<p> 是 <section> 的子元素，不同的 <section> 用不同的 class 来指定。

（2）每一层级用标签名、类名或 ID 属性来指定都可以。

任务 8 | 群组选择器的使用

输入如下代码，制作"荷花散文"页面，注意群组选择器的使用并观察页面效果。

```
<!DOCTYPE html>
<html lang="zh-CN">
<head>
    <meta charset="UTF-8">
    <title> 群组选择器 </title>
    <style type="text/css">
        .hh,.shi{
            width:240px;
            height:240px;
            border:1px solid pink;
        }
        h3,p{color:blue;}
    </style>
</head>
<body>
    <h3> 从容入世，清淡出尘 </h3>
    <div class="shi">
        <p>陌上流年，且吟且行 </p>
```

群组选择器
的使用

```
        <p> 不去在意纷扰，不去忧虑明天 </p>
        <p> 待莲花开尽，便是清欢 </p>
        <p> 浮生若梦 </p>
        <p> 何妨就当它是梦 </p>
        <p> 尽兴地梦它一场 </p>
    </div>
    <img src="images/hehua.png" alt=" 荷花 " class="hh">
</body>
</html>
```

效果如图 5-21 所示。

图 5-21 "荷花散文"页面

任务解析

（1）容纳诗文的 <div> 与荷花图片设置了相同的宽高、相同的边框。

（2）诗文的标题与内容设置了相同的字体颜色。

任务 9 通配符选择器的使用

输入如下代码，制作"飞机一览"页面，注意通配符选择器的使用并观察页面效果。

```
<!DOCTYPE html>
<html lang="zh-CN">
<head>
    <meta charset="UTF-8">
    <title> 通配符选择器 </title>
    <style type="text/css">
        *{
        margin:0;
        padding:0;
        }
        img{width:150px;
            height:150px;}
        table tr *{color:blue;
            text-align: center;}
    </style>
</head>
<body>
    <table>
    <caption> 飞机一览 </caption>
        <tr> <td> <img src="images/zdj.jpg"> </td> <td> <img src="images/kj.jpg"> </td> <td> <img
src="images/zsj.jpg"> </td> </tr>
        <tr> <td> 战斗机 </td> <td> 客机 </td> <td> 直升机 </td> </tr>
    </table>
</body>
</html>
```

效果如图 5-22 所示。

图 5-22 "飞机一览"页面

任务解析

（1）margin: 0; padding: 0; 表示设置外边距和内边距均为 0，这样可使对象之间不留空隙。

（2）为节省资源，本例中的"*{…}"通配符选择器可以用 html, body, h3, table, img{…} 代替。

（3）table tr * 表示表格的后代元素 <tr> 中所有的元素。

任务 10 子元素选择器的使用

输入如下代码，制作"散文诗"页面，注意子元素选择器的使用并观察页面效果。

```
<!DOCTYPE html>
<html lang="zh-CN">
<head>
  <meta charset="UTF-8">
  <title> 子元素选择器 </title>
  <style type="text/css">
    .div1>p{
      font-family: " 华文行楷 ";
      color:red;
      font-size:30px;
    }
  </style>
</head>
<body>
<div class="div1">
  <p> 文化学者 </p>
  <div class="div2">
    <p> 精读散文 </p>
    <div class="div3">
      <p> 心若不动，风又奈何；你若不伤，岁月无恙 </p>
    </div>
    <p> 风在追求叶子，承诺要带着叶子去看外面的精彩世界。</p>
    <p> 叶子犹豫不决，征求树的意见，树说：你若不离，我便不弃。</p>
    <p> 终有一天，叶子被风打动，于是选择随风漂泊。</p>
  </div>
</div>
</body>
</html>
```

子元素选择器
的使用

效果如图 5-23 所示。

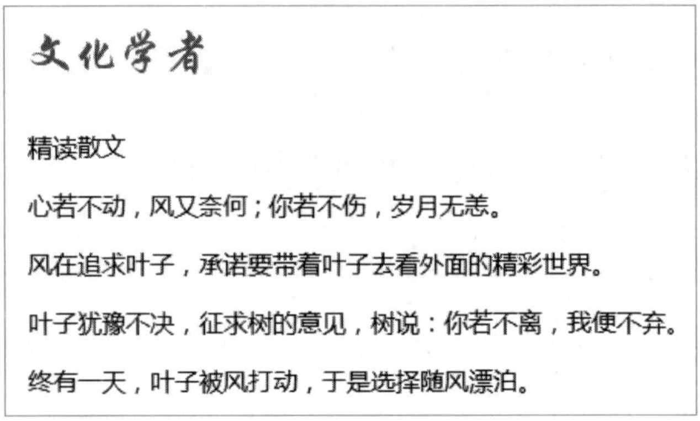

图 5–23 "散文诗" 页面

任务解析

（1）.div1>p 表示只选择类名为 div1 的元素的子元素这一级的 <p> 元素，不包括其他后代元素中的 <p> 标签。

（2）font-family:" 华文行楷 "; 指出了字体。color: red; 指出了文本的颜色。font-size: 30px; 指出了文字的字号。

任务 11 相邻兄弟选择器的使用

输入如下代码，制作 "诗文" 页面，注意相邻兄弟选择器的使用并观察页面效果。

```
<!DOCTYPE html>
<html lang="zh-CN">
<head>
  <meta charset="UTF-8">
  <title> 相邻兄弟选择器 </title>
  <style type="text/css">
    h3+p{color:red;
        font-style: italic;
    }
  </style>
</head>
<body>
  <div>
      <h3> 梅花 </h3>
      <p>【宋】王安石 </p>
      <p> 墙角数枝梅，</p>
      <p> 凌寒独自开。</p>
      <p> 遥知不是雪，</p>
```

```
        <p> 为有暗香来。</p>
    </div>
</body>
</html>
```

效果如图 5-24 所示。

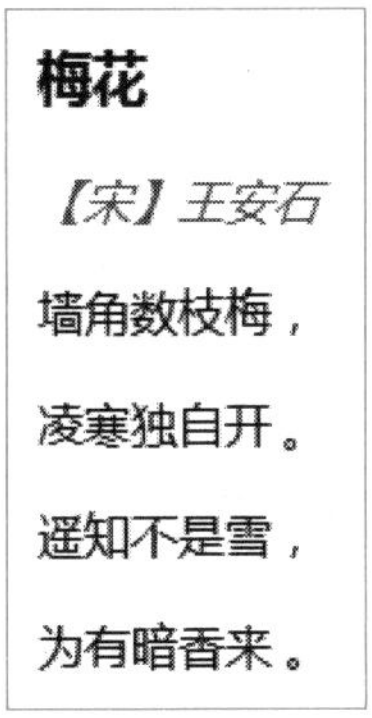

图 5-24 "诗文"页面 3

任务解析

（1）h3+p 只选择了在 h3 后面并且与 h3 紧紧相邻的 <p> 元素，不包括后面的 <p> 标签。

（2）font-style: italic; 表示字体倾斜。

任务 12 兄弟选择器的使用

将任务 11 中的相邻兄弟选择器修改为兄弟选择器，注意兄弟选择器的使用并观察页面效果。

```
<!DOCTYPE html>
<html lang="zh-CN">
<head>
    <meta charset="UTF-8">
    <title> 兄弟选择器 </title>
    <style type="text/css">
        h3~p{color:red;
            font-style: italic;
        }
    </style>
</head>
<body>
    <div>
```

```
        <h3> 梅花 </h3>
        <p>【宋】王安石 </p>
        <p> 墙角数枝梅, </p>
        <p> 凌寒独自开。</p>
        <p> 遥知不是雪, </p>
        <p> 为有暗香来。</p>
    </div>
    <p> 唐朝古诗 </p>
</body>
</html>
```

效果如图 5-25 所示。

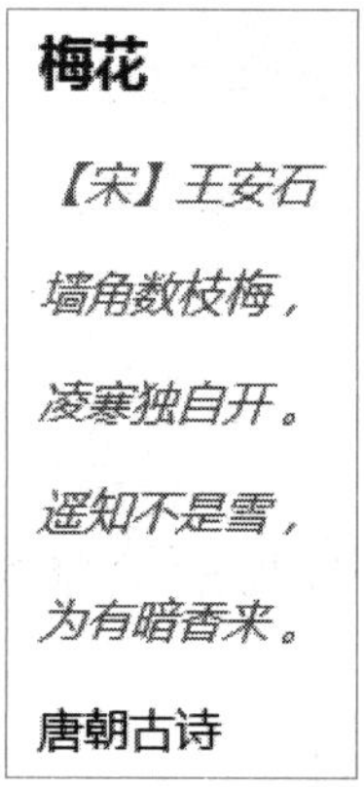

图 5-25 "诗文"页面 4

（任务解析）

h3~p 选择了在 h3 后面所有和 h3 具有同一父元素的 <p> 元素,不包括不是同一父元素的其他 <p> 标签。

（任务 13） 属性选择器的使用

输入如下代码,制作表单,注意属性选择器的使用并观察页面效果。

```
HTML 文档代码 (index.html):
<!DOCTYPE html>
<html lang="zh-CN">
<head>
    <meta charset="UTF-8">
    <title> 属性选择器 </title>
    <link rel="stylesheet" href="zlys.css" type="text/css">
</head>
```

```
<body>
    <section>
    <form action="">
        <h1> 请填写用户资料 </h1>
        <p> 账号： <input type="text" size="20" required=""> </p>
        <p> 密码： <input type="password" size="20" required=""> </p>
        <p> 手机： <input type="tel" size="20" required=""> </p>
        <p> 年龄： <select name="nl" id="nl" required="">
                    <option value="et"> 儿童 0~12</option>
                    <option value="qsn"> 青少年 13~17</option>
                    <option value="zqn"> 中青年 18~40</option>
                    <option value="zzn"> 中壮年 41~60</option>
                    <option value="lzn"> 老壮年 61~120</option>
                </select> </p>
        <p> 性别： <input type="radio" name="xb" value=" 男 " checked=""> 男  <input type="radio"
name="xb" value=" 女 "> 女 </p>
        <p> 会员等级： <select name="hydj" id="hydj" required="">
                    <optgroup>
                        <option value="vip1"> 初级会员 </option>
                        <option value="vip2"> 中级会员 </option>
                        <option value="vip3"> 高级会员 </option>
                    </optgroup>
                    <optgroup>
                        <option value="vip4"> 黄金会员 </option>
                        <option value="vip5"> 白金会员 </option>
                        <option value="vip6"> 红钻会员 </option>
                        <option value="vip7"> 蓝钻会员 </option>
                    </optgroup>
                </select> </p>
        <p> 备注： <br> <textarea name="bz" id="bz" cols="40" rows="6"></textarea> </p>
        <p> 经常访问的专栏或网站 </p>
        <p>
        <input type="checkbox" name="ahwy"> <a href="#"> 心情故事 </a> 
        <input type="checkbox" name="ahwy"> <a href="#"> 幽默笑话 </a> 
        <input type="checkbox" name="ahwy"> <a href="#"> 随意论坛 </a> 
        <input type="checkbox" name="ahwy"> <a href="#"> 职场生涯 </a><br>
        <input type="checkbox" name="ahwy"> <a href="http://www.baidu.com"> 百度 </a> 
        <input type="checkbox" name="ahwy"> <a href="http://www.163.com"> 网易 </a> 
        <input type="checkbox" name="ahwy"> <a href="http://www.sina.com"> 新浪 </a> 
        <input type="checkbox" name="ahwy"> <a href="http://www.sohu.com"> 搜狐 </a> 
        </p>
        <p class="bt1"> <input type="submit" value=" 提交 ">     <input
type="reset" value=" 重置 "> </p>
        <p lang="en-us">Thank You for Your Cooperation!</p>
```

```
        </form>
        </section>
</body>
</html>
```

CSS 文件代码（zlys.css）如下：

```
@charset "UTF-8";
section{width:340px;
        margin:0 auto;
        font-size:14px;
        color:#118;}
h1{font-size:16px;
    color: #115;
    text-align:center;}
input,textarea,select{background: #ffd;
                border:1px solid #66e;
                padding:3px;}
input[size][required]{background: #efe;}
select option[value='vip6']{color:red;}
select option[value='vip7']{color:blue;}
select option[value~='zqn']{background: #7f7;}
/* 包含这样一个值，可以是一部分，不能只是一个无意义的部分 */
p[lang|="en"]{color:#72f;
        font-size:24px;
         font-family: 华文行楷 ;}
a[href^="http"]{color:red;}/*^ 表示开头，$ 表示结尾，* 表示包含 */
.bt1{text-align:center;}
.bt1 input{border-radius:5px;
        width:40px;
        padding:3px;}
.bt1 input:hover{background: #88f;}
```

效果如图 5-26 所示。

任务解析

（1）lang="en-us"：lang 是 language 的缩写，表示使用哪个国家的语言，en-US 是指英国（美国）。

（2）p[lang|="en"]：E[attr|=val] 属性值选择符，匹配文档中具有 attr 属性且其中一个值为 val，或者以 val 开头紧随其后的是连字符 – 的 E 元素。

（3）由 " /* " 开头，" */ " 结尾的内容为 CSS 注释，用于解释 CSS 的代码，在运行时会被浏览器忽略。

请填写用户资料

账号：[   ]

密码：[   ]

手机：[   ]

年龄：[儿童0~12   ▼]

性别：◉ 男 ○ 女

会员等级：[初级会员   ▼]

备注：
[   ]

经常访问的专栏或网站

☐ 心情故事 ☐ 幽默笑话 ☐ 随意论坛 ☐ 职场生涯
☐ 百度 ☐ 网易 ☐ 新浪 ☐ 搜狐

[提交] [重置]

Thank You for Your Cooperation!

图 5-26　表单

任务 14　伪类选择器的使用

伪类选择器
的使用

制作超级链接并设置样式，注意伪类选择器的使用并观察页面效果。

```
<!DOCTYPE html>
<html lang="zh-CN">
<head>
    <meta charset="UTF-8">
    <title> 伪类选择器 </title>
    <style type="text/css">
        a:link{color:#0000ff;/* 蓝色 */
            text-decoration: none;}/* 去掉下划线 */
        a:visited{color:#0000ff;
            text-decoration: none;}
        a:hover{color:#ff0000;/* 红色 */
            text-decoration: none;}
        a:active{color:#ff00ff;/* 品红色 */
            text-decoration: none;}
    </style>
</head>
```

```
<body>
  <a href="#"> 焦点访谈 </a>
  <a href="#"> 百家讲坛 </a>
  <a href="#"> 今日说法 </a>
  <a href="#"> 国际艺苑 </a>
</body>
</html>
```

效果如图 5-27 所示。

焦点访谈 百家讲坛 今日说法 国际艺苑

图 5-27 超级链接

任务解析

（1）当文本为超级链接时设置为蓝色，无下划线。

（2）文本被单击之后，仍然是蓝色。

（3）鼠标指针悬停在这个链接上时文字变为红色。

（4）鼠标按下的一瞬间文字为品红色。

任务 15 伪元素选择器的使用

输入如下代码，制作"散文"页面，注意伪元素选择器的使用并观察页面效果。

```
<!DOCTYPE html>
<html lang="zh-CN">
<head>
  <meta charset="UTF-8">
  <title> 伪元素选择器 </title>
  <style type="text/css">
      body{width:400px;
          margin:0 auto;}
      p{width:100%;
        text-indent:2em;}
      p::first-line{color:#d3d;}
      p::selection{background:red;}
      h3::first-letter{font-size:32px;
                  color:red;}
      a::before{content:url(images/tb.png);}
      a::after{content:"   找你聊聊 ";}
      ul{list-style-type: none;}
  </style>
```

```
</head>
<body>
<h3> 徐志摩的话 </h3>
<p> 你说你不好的时候，我疼，疼得不知道该怎么安慰你，你说你醉的时候，我疼，疼得不能自
制，思绪混乱。我的语言过于苍白，心却是因为你的每一句话而疼。太多不能，不如愿，想离开，离开
这个让我疼痛的你。转而，移情别恋，却太难，只顾心疼，我忘记了离开，一次一次，已经习惯，习惯
有你，习惯心疼你的一切。</p>
<ul>
    <li> <a href="#"> 樱桃小完子 </a> </li>
    <li> <a href="#"> 蜡笔小心 </a> </li>
    <li> <a href="#"> 葫芦侠 </a> </li>
    <li> <a href="#"> 机器喵 </a> </li>
</ul>
</body>
</html>
```

效果如图 5-28 所示。

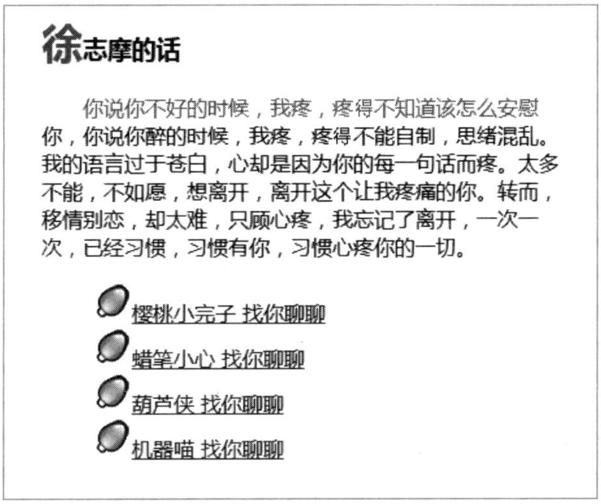

图 5-28 "散文"页面 2

任务解析

（1）content 是伪元素的属性，表示要添加的内容，content:" 找你聊聊 "; 表示添加文
本，content: url(images/tb.png); 表示添加图片，图片的路径要放在 url() 中。

（2）ul{list-style-type: none; } 去掉了无序列表前面的修饰符号。

（3）text-indent: 2em; 表示首行缩进 2 个字符。

（4）双冒号是在 CSS3 规范中的使用方式，用于区分伪类和伪元素。而在
CSS1~CSS2 中，伪元素的写法和伪类一样，都使用单冒号，并无区分。但是为了兼容旧
版本的写法，大部分浏览器会接受伪元素选择器使用单冒号。因此，在本任务中，如果

把双冒号写成单冒号代码也能正常运行。

任务 16 文字属性与背景属性的运用

制作"诗文"页面，效果如图 5-29 所示。

图 5-29 "诗文"页面 5

代码如下：

```
<!DOCTYPE html>
<html lang="zh-CN">
<head>
  <meta charset="UTF-8">
  <title> 春晓 </title>
  <style type="text/css">
      body{/* 元素选择器 */
          color:#44a;
          font-family: " 楷体 ";
          background: url(images/bj.png);
          background-repeat: no-repeat;
          background-position: center top;
      }
      .bt1{/* 类选择器 */
          font-size:32px;
          text-align: center;}
      .sj{
```

```
            font-size:24px;
            text-align:center;
            letter-spacing: 1em;/* 字符之间的距离 */
        }
    </style>
</head>
<body>
    <h1 class="bt1"> 春晓 </h1>
    <p class="sj"> 春眠不觉晓，</p>
    <p class="sj"> 处处闻啼鸟。</p>
    <p class="sj"> 夜来风雨声，</p>
    <p class="sj"> 花落知多少。</p>
</body>
</html>
```

任务解析

（1）背景和诗文都居于页面的中间靠上位置，背景图片不重复。

（2）letter-spacing: 1em; 用于设置字符之间的距离为一个字符的大小。

任务 17　利用列表制作超级链接导航栏

效果如图 5-30 所示。

图 5-30　超级链接导航栏

代码如下：

```
<!DOCTYPE html>
<html lang="zh-CN">
<head>
    <meta charset="UTF-8">
    <title> 导航 </title>
    <style type="text/css">
        .mn-nav{
            background: #FFBB99;
            height:35px;
            width:900px;
        }
        .mn-nav>ul{
            width:95%;
```

```
        margin: 0 auto;
        }
    .mn-nav li{
        width:160px;
        text-align: center;
        border:1px dotted #993300;/*1 像素点状线 */
        list-style: none;
        line-height:33px;/* 行高加边框的粗细与它所在的容器 height 相同，能使文字垂直居中 */
        border-radius:8px;/* 设置圆角半径为 8px*/
        float: left;/* 浮动于左边，能使每个项目依次排列在一行中靠左的位置 */
    }
    .mn-nav li:hover{
        background: rgba(255,0,0,0.5);
    }
    .mn-nav a{
        color:rgb(0,0,0);
        text-decoration: none;}
    .mn-nav a:visited{
        color:rgb(0,0,0);}
    .mn-nav a:hover{
        color:rgb(255,255,255);}
    .mn-nav a:active{
        color:rgb(255,255,0);}


    </style>
</head>
<body>
    <div class="mn-nav">
    <ul>
        <li> <a href="#"> 热销商品 </a> </li> <!-- # 表示空链接 -->
        <li> <a href="#"> 五一放送 </a> </li>
        <li> <a href="#"> 会员专区 </a> </li>
        <li> <a href="#"> 幸运大奖 </a> </li>
        <li> <a href="#"> 联系我们 </a> </li>
    </ul>
    </div>
</body>
</html>
```

任务解析

（1）width: 95%; margin: 0 auto;：能使其中的内容居中。

（2）text-decoration: none;：去掉超级链接的下划线。

（3）border: 1px dotted #993300;：1 像素点状线。

（4）border-radius: 8px;：设置边框的圆角半径为 8px。

（5）list-style: none;：不使用项目符号。

（6）line-height: 33px;：使 <li> 标签中的文字行高加 <li> 标签边框的粗细与它所在的容器 height 相同，能使文字在垂直方向居中。

（7）float: left;：设置浮动在左边，能使每个项目依次靠左排列在一行中。

（8）标签 <!-- 与 --> 用于在 HTML 中插入注释，注释部分不会影响运行效果。

任务 18 利用 border-radius 制作圆角画框

效果如图 5–31 所示。

图 5–31　圆角画框

代码如下：

```
<!DOCTYPE html>
<html lang="zh-CN">
<head>
    <meta charset="UTF-8">
    <title> 圆角边框 </title>
    <style type="text/css">
        img{
            width:250px;
            height:200px;
            border:10px ridge #f66;
            border-top-left-radius:60px;
            border-bottom-right-radius:60px;
            border-top-right-radius:10px;
```

```
              border-bottom-left-radius:10px;}
       </style>
</head>
<body>
    <img src="images/im1.jpg" alt="" >
</body>
</html>
```

任务解析

（1）设置图片边框为脊状的立体效果。

（2）左上角和右下角圆角半径是 60 像素，右上角和左下角圆角半径是 10 像素。

任务 19　用图像制作边框

效果如图 5-32 所示。

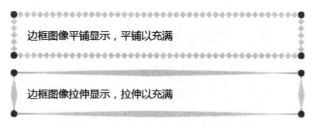

图 5-32　两种图像作边框方式的比较

代码如下：

```
<!DOCTYPE html>
<html lang="zh-CN">
<head>
    <meta charset="UTF-8">
    <title> 图像作边框 </title>
    <style>
        p{width:400px;}
        #borderimg1 { /* 图像平铺 */
            border:10px solid transparent;
            padding:15px;
            border-image: url(images/border.png) 27 round;
            /*border-image 属性用于指定一个元素的边框图像 */
        }
        #borderimg2 { /* 图像被拉伸 */
            border:10px solid transparent;
            padding:15px;
```

```
        border-image: url(images/border.png) 27 stretch;
        /*Internet Explorer 10 及更早的版本不支持 border-image 属性 */}
</style>
</head>
<body>
    <p id="borderimg1">边框图像平铺显示，平铺以充满 </p>
    <p id="borderimg2">边框图像拉伸显示，拉伸以充满 </p>
</body>
</html>
```

任务解析

（1）如图 5-33 所示为我们使用的图像，大小为 81px×81px。

图 5-33　边框图片素材

（2）border-image: url(images/border.png) 27 round;：复合属性，先指定了边框图像的路径，27 指定了图像分割下来的像素大小，本素材图像大小为 81px×81px，27 正好是图像的三分之一，round 设置边框平铺充满显示，stretch 设置边框拉伸充满显示。

任务 20　为卡片制作阴影效果

效果如图 5-34 所示。

图 5-34　卡片阴影

代码如下：

```
<!DOCTYPE html>
<html lang="zh-CN">
<head>
  <meta charset="UTF-8">
  <title> 阴影效果 </title>
  <style type="text/css">
      img{
          border:1px solid gray;
          box-shadow:5px 5px 5px rgba(0,0,255,0.5);
      }
  </style>
</head>
<body>
  <div>
      <img src="images/card.png" alt="">
  </div>
</body>
</html>
```

任务解析

为图像设置阴影，阴影的起始位置是水平向右 5px，垂直向下 5px，阴影模糊度为 5px，阴影的颜色为半透明蓝色。

任务 21 利用阴影制作书页彩页效果

效果如图 5-35 所示。

图 5-35 书页彩页效果

代码如下：

```
<!DOCTYPE html>
<html lang="zh-CN">
```

```
<head>
    <meta charset="UTF-8">
    <title> 阴影效果 </title>
    <style type="text/css">
        div{
            width:200px;
            text-align:center;
            color:white;
            font-size:101px;
            font-family:" 华文隶书 ";
            line-height:120px;
            background: #00d;
            border: 1px solid gray;
            box-shadow:3px 3px 2px #c00,6px 6px 2px #0c0,9px 9px 2px #00c,12px 12px 2px #c0c;
        }
    </style>
</head>
<body>
    <div>
        西游记
    </div>
</body>
</html>
```

任务解析

（1）为 div 设置阴影，一共设置了 4 个阴影，起始位置越来越向右、向下，模糊值相同，颜色不同。

（2）div 中的文字大小是 101 像素，div 宽度是 200 像素，因此一行只能放下一个文字，形成了竖排文字的效果。

技能检测

一、选择题

1. 下列哪个选项不属于 CSS 样式的 3 种使用方式?（   ）

    A. 内联样式　　　　　B. 内嵌样式　　　　　C. 外部样式　　　　　D. 高级样式

2. ID 选择器在定义时使用（   ）符号开头。

    A. *　　　　　　　　　B. #　　　　　　　　　C. .　　　　　　　　　D. >

3. 类选择器在定义时使用（   ）符号开头。

    A. *　　　　　　　　　B. #　　　　　　　　　C. .　　　　　　　　　D. >

4.群组选择器用来对多个对象进行相同样式的设置，多个选择器之间用（　　　）符号分隔。

    A. *　　　　　　　　　　B. #　　　　　　　　　　C. ,　　　　　　　　　　D. >

5.下列哪一个样式属性不可以用于设置背景图像？（　　　）

    A. background　　　　　　　　　　　　B. background-image

    C. background-color　　　　　　　　　　D. 以上都是

二、操作题

1.利用 CSS 内嵌样式制作如图 5-36 所示的彩色单词。

图 5-36　彩色单词

利用〈span〉标记和 CSS
样式制作彩色单词效果

2.制作如图 5-37 所示的"诗文"页面。

图 5-37　"诗文"页面 6

3.制作如图 5-38 所示的 3 种不同的按钮。

图 5-38　按钮

4.制作如图 5-39 所示的一组按钮。

图 5-39　按钮组

单元 **❻**

盒模型

📖 | 单元导读

　　盒模型设计是 CSS 样式中非常重要的知识点，掌握了盒模型的各种属性和设置，才能够灵活地设置页面元素的位置和所占空间，从而更好地把控页面整体结构和布局。

📚 | 学习目标

　　✓ 掌握盒模型的基本概念。

　　✓ 掌握盒模型所占空间的计算方法。

　　✓ 掌握标准盒模型和 IE 盒模型的区别。

📕 | 思政目标

　　要制作一个完美、规范的网页一定要注重细节，本单元通过对盒模型的讲解帮助学生提升设计的专业性，加强敬业心，培养精益求精、一丝不苟的工匠精神。

6.1 盒模型的概念

盒模型的概念

盒模型，又称框模型，可以理解为一个盒子。假如我们有一件物品要放在盒子里，盒子本身会有一定的厚度，另外，为了使物品不被磕碰，还要在物品与盒子之间放上塑料泡沫，如果将很多个盒子放在一起，盒子与盒子之间还应保持一定的距离以达到通风效果，如图 6-1 所示。

图 6-1　盒子

网页上的内容丰富多彩，有许多不同类型的元素，如：文章标题、图片、段落文本等，要想把这些内容合理地布局在页面上，离不开盒模型的规划。可以这样理解：所有的页面元素都可以使用盒子来管理，如图 6-2 所示。

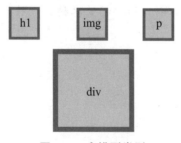

图 6-2　盒模型类别

还有一些标签，如 div，可以容纳许多其他的内容，也可将其看作盒子，这个大盒子可以装下许多小盒子，所有的盒子都占据一定的页面空间，如图 6-3 所示。

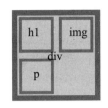

图 6-3　大盒子容纳小盒子

那么，盒子所占据的空间怎样计算呢？影响盒子模型大小和占用空间的属性有 5 个：宽（width）、高（height）、边框（border）、内边距（padding）、外边距（margin），根据方向不同，还可进行进一步划分，如图 6-4 所示。

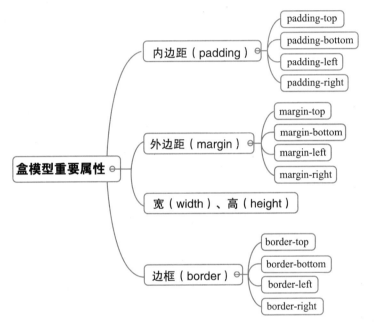

盒子的属性

图 6-4　盒模型的 5 个重要属性

6.2 盒模型的宽和高

宽（width）和高（height）决定盒子内部的空间有多大，盒子里的内容要显示在这个范围内，如图 6-5 所示。

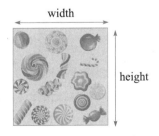

图 6-5　盒子的宽和高

6.3 盒模型的边框

边框（border）就是盒子的厚度，在设定时还可以控制它的颜色和样式，如图 6-6 所示。

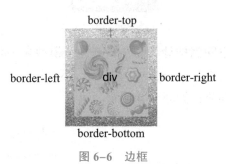

图 6-6　边框

6.4 盒模型的内边距

内边距（padding）是指内容与边框内侧的距离，如图 6-7 所示。

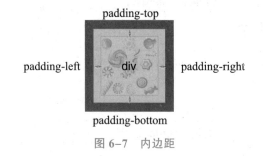

图 6-7　内边距

6.5 盒模型的外边距

外边距（margin）是指外边框与其他盒子之间的距离，如图 6-8 所示。

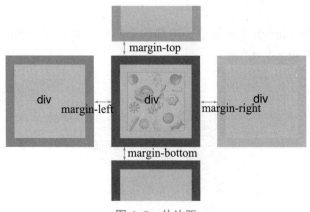

图 6-8　外边距

margin 有一种特殊情况，两个上下相邻的盒子垂直相遇时，外边距会合并，合并后的外边距等于两个发生合并的外边距中较大的那个外边距的值，如图 6-9 所示。需要注意的是：只有普通文档流中的盒子的垂直外边距才会发生外边距合并，行内框、浮动框或绝对定位之间的外边距不会合并。

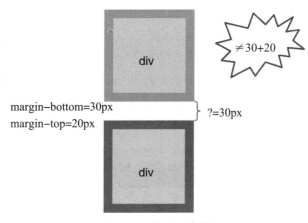

图 6-9　外边距合并

我们可以通过上述基本属性控制盒子的大小，进而控制网页布局，再结合盒子的背景色、背景图片属性，盒模型中各个属性、各种元素的层次便可灵活地布局和美化页面。如图 6-10、图 6-11 所示。

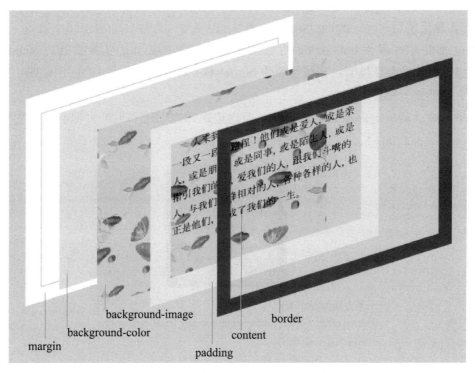

图 6-10　盒模型中各个属性、元素

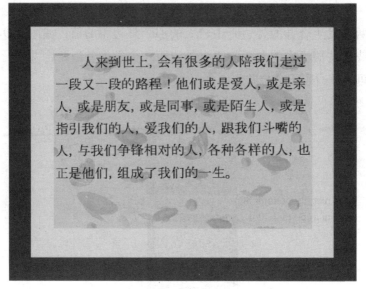

图 6-11　盒模型中各个属性、元素的综合利用

6.6　两种重要的盒模型

盒子大小的计算有以下两种方式：

* 标准盒子模型：box-sizing:content-box;
* IE 盒子模型：box-sizing:border-box;

通过改变 CSS 属性 box-sizing 的值来确定，当 box-sizing 的属性值为 content-box 时，对应的是标准盒子模型；当属性值为 border-box 时，对应的是 IE 盒子模型。

（1）标准盒子模型。

盒子的宽、高决定内容的显示部分，而内边距和边框还要另外占据空间。盒子实际大小为 width+padding+border，详细计算如图 6-12 所示。

水平方向的大小为：
width+padding-left+padding-right+border-left+border-right
（实际大小>width）

图 6-12　标准盒子模型

（2）IE 盒子模型。

盒子的宽、高包含内边距和边框，也就是说内边距和边框不会再额外占据空间。盒子实际大小为 width，如图 6-13 所示。

水平方向的大小为：width
（padding和border都被包含在width之内，在width之内绘制）

图 6-13　IE 盒子模型

因此，不同的盒模型会占据不同大小的网页空间。

单元实训

任务 1　计算盒模型的大小和所占空间

设定盒子 div 的宽度为 200px，内边距为 30px，边框为 25px，外边距是 35px。

（1）分别计算标准盒子模型和 IE 盒子模型下盒子的实际大小。

（2）如果将两个盒子按照普通文档流，一上一下按顺序垂直并列放在一起，在垂直方向上一共占多大空间？

任务解析

问题（1）：标准盒子模型如图 6-14 所示，IE 盒子模型如图 6-15 所示。

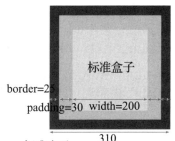

border=25
padding=30　width=200
310
标准盒子：
200px+30px*2+25px*2=310px

图 6-14　标准盒子模型

width=200

IE盒子

200px

图 6-15　IE 盒子模型

问题（2）：解析效果如图 6-16 所示。

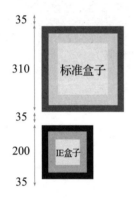

上外边距+标准盒子大小+较大margin+IE盒子大小+下外边距

= 35px+310px+35px+200px+35px=615px

图 6-16　总共占用空间

任务 2 制作并比较盒模型

制作标准盒子与 IE 盒子并比较分析，代码如图 6-17 所示。

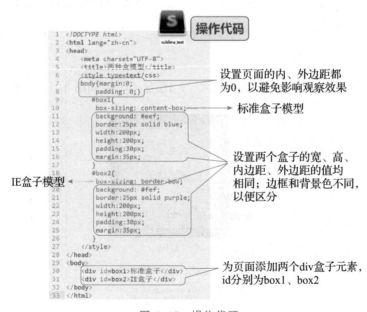

图 6-17　操作代码

效果如图 6-18 所示。

图 6-18   比较效果

任务解析

（1）内边距 padding、外边距 margin 均为透明区域，是不可见的。

（2）制作完成后，使用谷歌浏览器打开，在页面空白区域单击鼠标右键，在弹出的快捷菜单中选择【检查】，页面右侧会出现【开发者工具】（Developer Tools），可以检查和调试代码，如图 6-19 所示。

（3）在布局设计中，通常各个子元素的总占用空间不能超过父元素内部所能容纳的

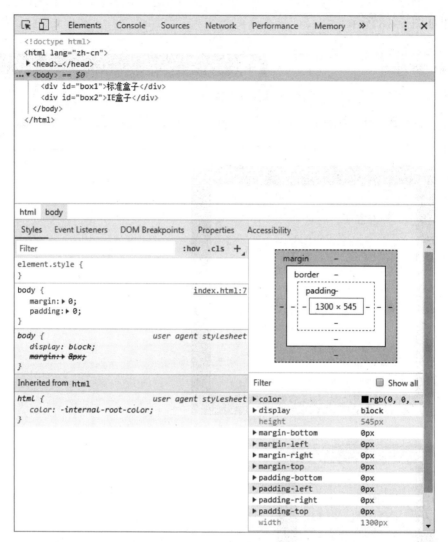

图 6-19   开发者工具

空间，以避免使用滚动条。标准盒子模型实际占据的空间要计算宽度＋内边距＋边框，计算起来很麻烦，开发难度大，因此，很多开发者会采用 IE 盒子模型，有时会写上以下代码，用以保证所有盒子的计算都统一使用 IE 盒子模型，开发起来简单、直观。

```
* {
box-sizing: border-box;
}
```

任务3   文字属性、背景属性及盒模型的综合运用

制作"散文"页面，效果如图 6-20 所示。

文字属性、背景属性
及盒模型的综合运用

图 6-20　"散文"页面

代码如下：

```
<!DOCTYPE html>
<html lang="zh-CN">
<head>
    <meta charset="UTF-8">
    <style type="text/css">
        body{
            padding-top:50px;
            font-family: " 黑体 ";
            background-image:url(images/back.jpg);
            background-position: center top;
            background-repeat: no-repeat;
            width:1200px;
            margin:0 auto;
        }
        p{
            font-size: 16px;
            color:#000000;
            text-indent:30px;
            width: 800px;
            line-height:200%;
            border:1px dotted #F95;
            padding:10px;
        }
        h1{
            font-size:30px;
```

```
            padding-bottom: 20px;
            text-align: center;
            margin-bottom: 70px;
            }
        </style>
<title> 故乡的秋 </title>
</head>
<body>
        <h1> 落叶故乡 </h1>
```

<p> 今年故乡的秋，好像雨特别的多，不知从什么时候开始，淅淅沥沥下个没停。已多年不见故乡的秋，是怎样的零落与飘零，是怎样的凄楚与萧瑟。家乡比较冷，树叶落得比其他地方早，也比其他地方多了一丝丝的凄凉与荒凉感。我是个不太喜欢秋的人，不舍看到落叶随风飘零的凄凉感，也不喜整日秋雨绵绵的阴沉忧郁感，总觉得这样的天气，会带走许多的情绪。</p>

<p> 已经不记得有多少年没在家乡品秋了，看一树的绿意渐渐变得枯黄，看一树养眼的绿，片片凋谢，落在养它的大地上，那么的随意，那么的自在。看着这样的场景，突然想起一句诗，落红不是无情物，化作春泥更护花。不知明年的秋是否和今年一样，一样让人揪心，让人心生怜惜。</p>

<p> 游走在陌生的城市，总是会怀念家乡一切的美，回归故里，看着一切熟悉的场景，那蜿蜒曲折的小路，那闭上眼都能描绘出的风景，那淳朴的民情风俗，一切都是那么美。可是突然回到养育了我二十几年的家乡，除了舒心外，多了一丝的无奈与孤独。仿佛生活在这个尘世里的每一个人，或多或少，都有属于自己的无奈。像这个秋，不想零落的叶。</p>

```
</body>
</html>
```

任务解析

（1）背景居于页面的中间靠上位置，背景图片不重复。

（2）<p> 的 width 比 <body> 小，所以散文默认靠左显示。

技能检测

一、选择题

1. 以下哪个选项不是盒模型的重要属性之一？（   ）

   A. border   B. padding   C. margin   D. background

2. 如何设置 IE 盒子模型？（   ）

   A. box-sizing: content-box;   B. box-sizing: IE-box;

   C. box-sizing: border-box;   D. 不用设置，默认就是

3. 在标准盒子模型中，盒子水平方向实际宽度为（   ）。

   A.width   B.width+padding+border

   C.width+padding   D.width+border

4. 以下哪个选项表示盒子的上边框？（   ）

A. border-top   B. padding-top

C. margin-top   D. border-up

5. 以下哪个属性不会影响盒子的大小?（   ）

A. width   B. padding

C. border   D. background-image

二、操作题

1. 制作如图 6-21 所示的页面。

图 6–21　卡通猫咪页面

2. 制作如图 6-22 所示的诗文页面图像列表。

小鸟说:秋天是蓝色的，晴朗的天空
湛蓝湛蓝的！

小蝴蝶说:秋天是金黄的，辽阔的田
野金黄金黄的！

图 6–22　图像列表

CSS 布局

CSS 布局是在盒模型的基础上对整个网页进行布局，通常要将一张页面划分为多个部分，每个部分可以看作一个相对独立的个体。布局的方式有相对定位、绝对定位、固定定位等。

✓ 掌握 display 显示属性的运用。

✓ 掌握通过 float 属性控制布局的方法和规律。

✓ 掌握元素的 3 种常用定位布局方式：相对定位布局、绝对定位布局、固定定位布局。

学习了页面布局知识就可以对整个页面进行细致、合理的安排了，再结合之前学习的各种元素、CSS 样式以及盒模型，同学们终于可以设计和制作出完整而精美的页面了，学习便是这样一步一步的积累。在编辑和调试内容量大的网页的过程中，难免出现代码错误、效果偏差等情况，此时要善于查漏补缺，锻炼自己发现问题并解决问题的能力。

默认情况下，我们在网页中放置的多个元素是按照从上到下、从左到右的顺序显示的，称为标准流布局。此时的盒子元素，如果没有设置宽度和位置，宽度方面会占用父元素的 100%，位置方面会从上至下依次排列，默认的标准流布局是无法满足人们在外观和功能上的需要的。常用的网页布局方式以表格布局和 CSS 布局为主，表格布局是最传统的布局方式，制作简单、易于理解，但是当页面内容很多、结构复杂时，其代码过于冗长、复杂，且不利于搜索引擎抓取信息，影响网站排名。而 CSS 布局是基于 Web 标准的网页设计方法，通过 DIV+CSS 设计方法布局页面，符合 W3C 标准。CSS 布局的优点包括：样式丰富；布局灵活；页面体积小，加载速度快；易于编辑修改；对搜索引擎更加友好；与浏览器的兼容性好。目前，大多数的中大型网站都采用这种布局方式。CSS 布局的主流是基于浮动的布局方式，有时也应用绝对定位和相对定位的方式。

7.1 显示

浮动布局是当前布局页面的一种常用方式，要了解浮动布局首先要明白元素在页面中的显示（display）属性。为此，我们先回顾一下单元 2 讲到的 HTML 标签中有些是块元素（block），有些是行内元素（inline）。

（1）块元素独占一行，宽度、高度、内边距、外边距等都可以进行设置，宽度默认情况下占父元素的 100%。<h1>~<h6>、<p>、<div>、<table>、<form>、<ul>、<ol>、<li>、<dl>、<dt>、<dd> 都是常见的块元素。

（2）行内元素可以与其他元素显示在同一行，其宽度、高度、内边距、上下外边距都不可以改变，边框、背景色、背景图片的设置通常受一定的限制甚至不能正常显示。<img>、<a>、<span>、<label>、<input> 都属于行内元素。

而 CSS 样式中的 display 属性可以改变元素的显示方式，可以将元素由块元素转变为行内元素，或将行内元素转变为块元素，或将元素转变为行内块元素（可以显示在行内的块元素）。基本格式如下：

- display:inline;：转变为行内元素。
- display:block;：转变为块元素。
- display:inline-block;：转变为行内块元素。
- display:none;：定义 HTML 元素不显示。

7.2 浮动

浮动（float）是指 CSS 的浮动属性，可以改变块元素（block）原来独占一行的显示方式，并保留其宽高、背景、边框、内外边距等属性设置。设置浮动之后，可以将多个块元素放置在同一行中，位置靠左或者靠右。

基本格式如下：

* float:left;：左浮动，排列在左侧。
* float:right;：右浮动，排列在右侧。

7.3 元素定位

在 CSS 中，浮动布局可以灵活地控制页面元素的位置，使用频率很高，而利用元素定位（position）属性可以对元素进行更加精确的定位，基本格式如下：

* position:static;：默认值，按照标准流的方式布局。
* position:relative;：相对定位，元素相对于文档中原来的位置重新布局，后面的盒子不受影响，仍然以标准流的方式布局。
* position:absolute;：绝对定位，元素相对于父元素的位置进行定位，脱离标准流。
* position:fixed;：固定定位，元素相对于浏览器窗口进行定位。

单元实训

任务1 利用 display 属性制作超级链接水平导航条

效果如图 7-1 所示。

图 7-1　水平导航条

利用 display 属性制作
超级链接水平导航条

代码如下：

```
<!DOCTYPE html>
<html lang="zh-CN">
<head>
    <meta charset="UTF-8">
    <title>display 属性的运用 </title>
    <style type="text/css">
        li{display:inline-block; /* 转变为行内块元素 */
            width:150px;
            background:#efe;
            font-size:16px;
            text-align:center;
```

```
        padding:6px;
        margin:0px;
        border-left:1px solid gray;
        }
         a{text-decoration: none;}
      a:link{color:blue;}
      a:visited{color:blue;}
      a:hover{color:red;}
      li:hover{background:#eef;}
    </style>
  </head>
  <body>
    <nav>
      <ul>
        <li> <a href="#"> 首页 </a>       <!-- 后面不能有 </li>，否则会有空隙 -->
        <li> <a href="#"> 全部产品 </a>
        <li> <a href="#"> 热销产品 </a>
        <li> <a href="#"> 会员论坛 </a>
        <li> <a href="#"> 联系我们 </a>
        </ul>
    </nav>
  </body>
</html>
```

任务解析

（1）display: inline-block;: 把 <li> 元素转变为行内块元素，可以使其显示在行内，又可以设置宽度、高度、背景色以及边框。

（2）<ul> 有一个常用属性 type，值可以是 "circle/disc/square"，可以改变项目前面的修饰符号，默认是 disc，circle 表示空心圆，square 表示黑色方块。

（3）border-left: 1px solid gray;: 使每个 <li> 元素具有左边框，1 像素的灰色实线。

（4）a{text-decoration: none;};: 设置超级链接的样式不显示下划线。

（5）li: hover{background: #eef;};: 当鼠标指针悬停在 <li> 元素上时，背景色会由原来的淡绿色变为淡蓝色。

（6）a: link{color: blue; }

a: visited{color: blue; }

a: hover{color: red; }

设置超级链接文字的颜色为蓝色，访问过的超级链接仍然为蓝色，也就是访问之后不变色，当鼠标指针悬停在 <a> 元素上时，超级链接的文字变为红色。

（7）本例中的 <li> 标签没有成对出现，而是使用单标签的形式，如果成对使用，</li> 会导致相应位置空白，影响美观。

任务 2 利用 float 属性制作水平排列的优惠券

效果如图 7-2 所示。

利用 float 属性制作
水平排列的优惠券

图 7-2　优惠券

代码如下：

```
<!DOCTYPE html>
<html lang="zh-CN">
<head>
    <meta charset="UTF-8">
    <title>float 属性 </title>
    <style type="text/css">
        div{width:100px;
            height:70px;
            background: orange;
            color:#fff;
            font-size:16px;
            border:2px dotted red;
            border-radius:10px;
            padding:10px;
            margin:2px;
            float:left;
        }
    </style>
</head>
<body>
    <div>10 元优惠券 </div>
    <div>20 元优惠券 </div>
    <div>30 元优惠券 </div>
    <div>40 元优惠券 </div>
</body>
</html>
```

任务解析

（1）默认情况下，每个 <div> 要独占一行显示，本例中 4 个 <div> 元素都设置为 float: left，以使它们显示在同一行，并依次排列在页面的左端。

（2）color: #fff; 表示纯白色，3 位的颜色代码 #fff 相当于 6 位代码 #ffffff（3 位颜色代码的每一位变成相同的两位）。

（3）border: 2px dotted red; 表示 2 像素宽的红色点状线。

（4）border-radius: 10px; 表示圆角半径设置为 10 像素；使 <div> 元素呈现圆角矩形的外观。

（5）如果多个浮动元素的父元素的宽度不够用了，会将后面的浮动元素另起一行显示。比如本例中，如果将浏览器窗口缩小，会出现如图 7-3 所示的效果。

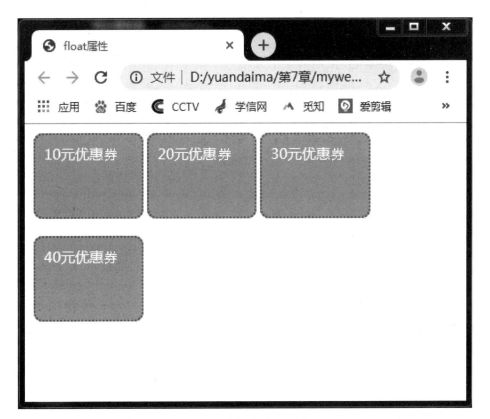

图 7-3　浏览器窗口缩小

任务 3 利用 float 属性进行简单页面布局

效果如图 7-4 所示。

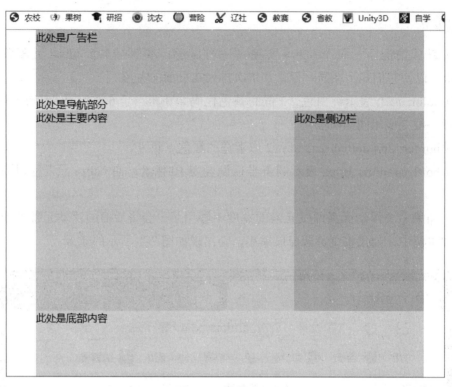

图 7-4　简单布局

代码如下：

```
<!DOCTYPE html>
<html lang="zh-CN">
<head>
    <meta charset="UTF-8">
    <title> 浮动页面布局 </title>
    <style type="text/css">
        body{width:600px;
            margin:0px auto;
/* 上下是 0，左右是自动 */
/* 若是 4 个值，顺序为上右下左 */
}
        #div1{
            background:#dce;
            width:600px;
            height:100px;
        }
        #div2{
            background:#eef;
            width:600px;
```

```
            height:20px;
        }
        #div3{
            background: #dde;
            width:400px;
            height:300px;
            float:left;
        }
        #div4{
            background:#cce;
            width:200px;
            height:300px;
            float:left;
        }
        #div5{
            background: #bee;
            width:600px;
            height:100px;
            clear:left;
        }
    </style>
</head>
<body>
    <div id="div1"> 此处是广告栏 </div>
    <div id="div2"> 此处是导航部分 </div>
    <div id="div3"> 此处是主要内容 </div>
    <div id="div4"> 此处是侧边栏 </div>
    <div id="div5"> 此处是底部内容 </div>
</body>
</html>
```

任务解析

（1）页面不同的区块用不同的背景色加以辅助区分。

（2）主要内容和侧边栏部分浮动于左边，它们的宽度之和等于整个布局的宽度。

（3）页面的底部不再浮动，需要写上清除前面的浮动的代码 clear: left;，表示清除前面的左浮动，如果不清除，底部内容的位置会错乱。

（4）清除浮动的代码的格式如下：

◆ clear:left;：清除左浮动。

◆ clear:right;：清除右浮动。

◆ clear:both;：左右浮动都清除。

◆ clear:none;：默认值，允许两边都可以有浮动。

（5）body{width: 600px;

　　margin: 0px auto; }

表示设置 \<body\> 元素的宽度为 600 像素，上下外边距是 0，左右外边距自动。当一个元素已经设置固定的宽度，左右外边距都是自动时，就会在父容器内水平居中显示，因此，本例中 \<body\> 会在其父容器 \<html\> 中居中显示。

任务 4　利用 HTML5 新增的布局标签进行任务 3 的页面的布局

代码如下：

```
<!DOCTYPE html>
<html lang="zh-CN">
<head>
    <meta charset="UTF-8">
    <title>HTML5 新增布局标签布局页面 </title>
    <style type="text/css">
        body{width:600px;
             margin:0px auto;}
        header{
            background: #dce;
            width:600px;
            height:100px;
        }
        nav{
            background: #eef;
            width:600px;
            height:20px;
        }
        article{
            background: #dde;
            width:400px;
            height:300px;
            float:left;
        }
        aside{
            background:#cce;
            width:200px;
            height:300px;
            float:left;
        }
```

```
            footer{
                background:#bee;
                width:600px;
                height:100px;
                clear:left;
            }
        </style>
    </head>
    <body>
        <header> 此处是广告栏 </header>
        <nav> 此处是导航部分 </nav>
        <article> 此处是主要内容 </article>
        <aside> 此处是侧边栏 </aside>
        <footer> 此处是底部内容 </footer>
    </body>
</html>
```

任务解析

（1）页面效果与任务 3 中相同。

（2）使用 HTML5 新增布局标签可使代码更加具有语义化，易于理解和编辑。

（3）可以看出 HTML5 新增布局标签实质上还是 <div>，与 <div> 性质一样。

任务 5 利用 float 属性进行页面布局

效果如图 7-5 所示。

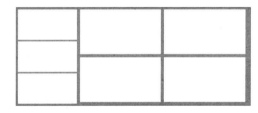

图 7-5　float 嵌套

代码如下：

```
<!DOCTYPE html>
<html lang="zh-CN">
<head>
    <meta charset="UTF-8">
    <title>div 浮动布局的嵌套 </title>
    <style type="text/css">
```

```
            body{width:750px;
                height:305px;
                margin:0 auto;
                background:#ead;
                border:1px solid red;}
            #left{
                width:200px;
                height:300px;
                float: left;
            }
            #right{
                width:540px;
                height:300px;
                float:left;
            }
            .le{
                with:190px;
                height:95px;
                background: #fff;
                margin:5px;
            }
            .ri{
                width:260px;
                height:140px;
                margin:5px;
                float:left;
                background:#fff;
            }
        </style>
    </head>
    <body>
        <div id="left">
            <div class="le"> </div>
            <div class="le"> </div>
            <div class="le"> </div>
        </div>
        <div id="right">
            <div class="ri"> </div>
            <div class="ri"> </div>
            <div class="ri"> </div>
            <div class="ri"> </div>
        </div>
```

```
    </body>
    </html>
```

任务解析

（1）本例中，<div id="right"> 是浮动的，其中嵌套了 4 个 <div class="ri"></div> 并设置了浮动，可见浮动属性可以嵌套使用。

（2）要认真计算各个块元素的宽度、边框、内边距、外边距的大小，合理安排块与块之间、块与父元素之间的位置关系。

任务 6 标准流布局

应用默认的标准流布局（position: static）方式制作书签排列效果，如图 7-6 所示。

图 7-6 书签排列效果 1

代码如下：

```
<!DOCTYPE html>
<html lang="zh-CN">
<head>
    <meta charset="UTF-8">
    <title>static 标准流布局 </title>
    <style type="text/css">
      *{margin:0;
        padding:0;}
      div{width:500px;
          height:250px;}
      #bm1,#bm2,#bm3{
       position:static;
       }
    </style>
</head>
<body>
    <div id=bm1> <img src="images/bookmark1.png" > </div>
    <div id=bm2> <img src="images/bookmark2.png" > </div>
    <div id=bm3> <img src="images/bookmark3.png" > </div>
    <h2> 漂亮的书签 </h2>
</body>
</html>
```

任务解析

（1）本例中，3 个 <div> 标签通过 ID 选择器设置了 position: static;，static 为系统默认值，所以 position: static; 写与不写效果一样，可以省略，因此，3 个 <div> 标签和 <h2> 标签按照标准流的方式由上到下、由左到右显示。因为这 4 对标签都是块元素，所以每个元素独占一行，效果为由上至下依次排列。

（2）*{ } 通用选择器将页面上所有元素的内边距与外边距均设置为 0，使元素与元素之间没有缝隙，便于观察效果。

（3）#bm1，#bm2，#bm3 多个选择器使用同一种样式，中间用逗号"，"分隔。

任务 7　相对定位布局

应用相对定位布局（position: relative）方式制作书签排列效果，如图 7-7 所示。

图 7-7　书签排列效果 2

代码如下：

```
<!DOCTYPE html>
<html lang="zh-CN">
<head>
    <meta charset="UTF-8">
    <title> 相对定位布局 </title>
    <style type="text/css">
        *{margin:0;
          padding:0;}
        div{width:500px;
            height:250px;}
        #bm1{ position:relative;
              left:100px;
              top:80px;}
        #bm2{ position:relative;
              left:150px;}
        #bm3{ position:relative;
```

```
                left:200px;
                top:-80px;}
        </style>
    </head>
    <body>
        <div id=bm1><img src="images/bookmark1.png" ></div>
        <div id=bm2><img src="images/bookmark2.png" ></div>
        <div id=bm3><img src="images/bookmark3.png" ></div>
        <h2>漂亮的书签</h2>
    </body>
    </html>
```

任务解析

（1）本例中，3 个 <div> 标签分别通过 ID 选择器设置了 position: relative;，因此 3 个 <div> 标签均属于相对定位布局，第一个 <div> 标签相对于原来的位置，水平方向上离左边 100px，垂直方向上离上端 80px；第二个 <div> 标签相对于原来的位置，水平方向上离左边 150px，垂直方向上没有变化；第三个 <div> 标签相对于原来的位置，水平方向上离左边 200px，垂直方向上离上端 -80px，也就是向上移动了 80px。

（2）3 个 <div> 标签的位置相较于原来都发生了变化，页面中的图片便呈现出了层叠的效果，后面的 <p> 元素不受影响，仍然以标准流的方式布局。

任务 8 绝对定位布局 1

应用绝对定位布局（position: absolute）方式制作书签排列效果，如图 7-8 所示。

图 7-8 书签排列效果 3

代码如下：

```
<!DOCTYPE html>
<html lang="zh-CN">
<head>
    <meta charset="UTF-8">
    <title> 绝对定位布局 </title>
    <style type="text/css">
        *{margin:0;
          padding:0;}
        body{position: relative;}
        div{width:500px;
            height:250px;}
        #bm1{position:absolute;
             left:150px;
             top:0px;}
        #bm2{position:absolute;
             left:200px;
             top:50px;}
        #bm3{position:absolute;
             left:250px;
             top:100px;}
    </style>
</head>
<body>
    <div id=bm1><img src="images/bookmark1.png" ></div>
    <div id=bm2><img src="images/bookmark2.png" ></div>
    <div id=bm3><img src="images/bookmark3.png" ></div>
    <h2> 漂亮的书签 </h2>
</body>
</html>
```

任务解析

（1）本例中，3 个 <div> 标签分别通过 ID 选择器设置了 position: absolute;，因此 3 个 <div> 标签均属于绝对定位布局，在设置绝对定位时，通常将其父元素设置为 position: relative;，因此它们的父元素 <body> 设置了 position: relative。

（2）第一个 <div> 标签相对于父元素 <body> 的位置，水平方向上离左边 150px，垂直方向上和父元素相同；第二个 <div> 标签相对于父元素的位置，水平方向上离左边 200px，垂直方向上离上端 50px；第三个 <div> 标签相对于父元素的位置，水平方向上离左边 250px，垂直方向上离上端 100px。

（3）<h2> 标签占据了绝对定位原来的空间，移动到了最上边。

（4）绝对定位（absolute）的父元素必须是相对定位（relative）吗？其实不然。实际上，父元素 position 的值是 absolute 或 relative 都可以，只要不是默认的 static，子元素的 position 就都是以父元素来定位的。更准确地说，绝对定位 absolute 的参照对象是"离它最近的已定位的祖先元素"，也就是说，参照元素不一定是父元素，也可以是它的父元素的父元素或更高层级的祖先元素，如果它的祖先里同时有 2 个或更多的已定位元素，则参照离它最近的一个已定位元素。

（5）父元素一般都采用相对定位，因为相对定位的元素即使偏离了原来的位置，它原来所占的空间也不会让出来，围绕在它周围的其他元素不会因为它的离开而改变自己原来的位置，使页面发生混乱，所以祖先元素采用相对定位是比较合理的。

任务 9 绝对定位布局 2

应用绝对定位布局（position: absolute）方式布局页面，如图 7-9 所示。

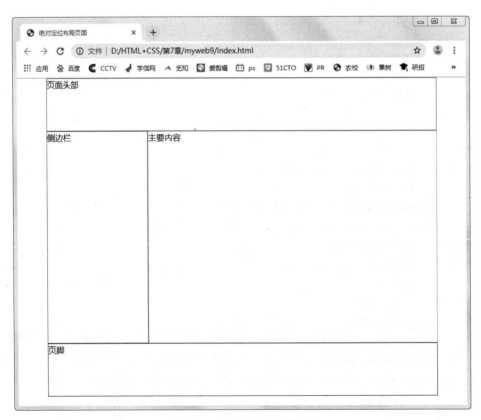

图 7-9 绝对定位布局页面

代码如下：

```
<!DOCTYPE html>
<html lang="zh-CN">
<head>
    <meta charset="UTF-8">
    <title> 绝对定位布局页面 </title>
    <style type="text/css">
      *{padding:0px;
        margin:0px;
        box-sizing:border-box;}
      body{width:760px;
            margin:0 auto;
            position: relative;}
      /* 父元素为相对定位，并且不设置值，父元素为子元素的基准点 */
      header{width:760px;
            height:100px;
            border:1px solid red;
            position:absolute;/* 子元素为绝对定位，并且有值 */
            left:0px;
            top:0px;}
      aside{width:200px;
            height:400px;
            border:1px solid green;
            position:absolute;
            left:0px;
            top:100px;}
      section{width:560px;
            height:400px;
            border:1px solid orange;
            position:absolute;
            right:0px;
            top:100px;}
      footer{width:760px;
            height:100px;
            border:1px solid blue;
            position:absolute;
            left:0px;
            top:500px;}
    </style>
</head>
<body>
    <header> 页面头部 </header>
```

```
        <aside> 侧边栏 </aside>
        <section> 主要内容 </section>
        <footer> 页脚 </footer>
    </body>
    </html>
```

任务解析

（1）*{box-sizing: border-box;} 设置了所有元素为 IE 盒子模型，此时元素的边框不会另占宽度。

（2）body{width: 760px; margin: 0 auto; } 设置 <body> 中的内容居中显示。

（3）<body> 是 <header><aside><section><footer> 的父元素，设置了 position: relative; 作为参照元素。

任务 10 固定定位布局

应用固定定位布局（position: fixed）方式制作李白诗歌风格介绍页面，如图 7-10、图 7-11 所示。

图 7-10 滚动页面的效果

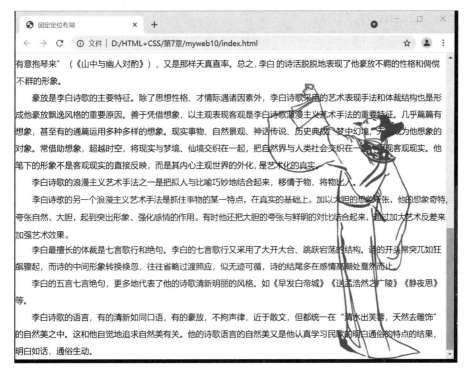

图 7-11 改变窗口大小和比例的效果

代码如下：

```html
<!DOCTYPE html>
<html lang="zh-CN">
<head>
    <meta charset="UTF-8">
    <title> 固定定位布局 </title>
    <style type="text/css">
      *{margin:0;
        padding:0;}
      div{width:300px;
          height:522px;}
      #lib{position:fixed;
          right:50px;
          bottom:0px;}
      h2{text-align:center;}
      p{line-height:2em;
          text-indent:2em;}
    </style>
</head>
<body>
    <div id=lib> <img src="images/libai.png" > </div>
```

```
    <h2>李白（唐代诗人）</h2>
    <p>李白（701—762 年），字太白，号青莲居士，又号"谪仙人"，唐代伟大的浪漫主义诗人，被
后人誉为"诗仙"，与杜甫并称为"李杜"。为了与另两位诗人李商隐与杜牧即"小李杜"区别，杜甫与
李白又合称"大李杜"。据《新唐书》记载，李白为兴圣皇帝（凉武昭王李暠）九世孙，与李唐诸王同
宗。其人爽朗大方，爱饮酒作诗，喜交友。</p>
    <p>此处可随意输入大量文字，用以观察效果，略……（不占用大量篇幅）</p>
    </body>
    </html>
```

任务解析

（1）本例中，<div> 标签设置了 position: fixed;，即固定定位布局，它的位置参照浏览器窗口，离浏览器右边 50px，离浏览器底端 0px，即底端与浏览器底端对齐。

（2）页面含有大量的文字，在使用滚动条滚动页面时，<div> 标签不随页面的滚动而滚动，而是始终显示在浏览器右下方，不会消失，因此 <div> 中的图片始终是显示的。

（3）如果改变浏览器窗口的大小或比例，也不会影响固定定位布局，图片始终显示在浏览器右下方。

（4）line-height: 2em; 设置文字的行高为 2 个字符，text-indent: 2em; 设置文字的首行缩进为 2 个字符。

技能检测

一、选择题

1. 若想将元素设置为相对定位，position 属性的值应该设置为（　　　）。

　　A. fixed　　　　　　　B. absolute　　　　　　C. relative　　　　　　D. static

2. 若想将元素设置为绝对定位，position 属性的值应该设置为（　　　）。

　　A. fixed　　　　　　　B. relative　　　　　　C. absolute　　　　　　D. static

3. 若想将元素设置为固定定位，position 属性的值应该设置为（　　　）。

　　A. fixed　　　　　　　B. relative　　　　　　C. absolute　　　　　　D. static

4. 下列不属于 float 属性值的是（　　　）。

　　A. left　　　　　　　　B. right　　　　　　　　C. none　　　　　　　　D. all

5. 下列不属于清除浮动的代码的是（　　　）。

　　A. clear:all;　　　　　B. clear:right;　　　　　C. clear:left;　　　　　D. clear:both;

二、操作题

1. 进行如图 7-12 所示的页面布局。

页面头部		
导航栏		
左侧边栏	主要内容	右侧边栏
页脚		

图 7-12　页面布局

2. 应用固定定位布局方式制作如图 7-13 所示的散文诗页面。

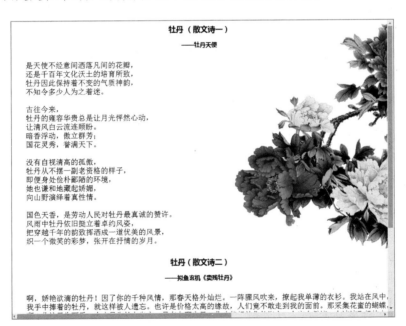

图 7-13　"散文诗"页面

单元 **8**
CSS3 变形与动画

单元导读

　　CSS3 具有很强的动画制作功能，即使不使用 flash 文件或 JavaScript 脚本，也可以在网页上展现类似的动画效果，为网页增色。本单元将介绍 3 种类型的动画的制作：transform 变形动画、transition 过渡动画、animation 关键帧动画。

学习目标

　　✓ 掌握 transform 2D 动画的制作。
　　✓ 了解 transform 3D 动画的制作。
　　✓ 掌握 transition 过渡动画的制作。
　　✓ 掌握 animation 关键帧动画的制作。

思政目标

　　HTML5 可以利用 CSS 属性制作出精彩的动画效果，这就要求学生有更扎实的代码设计的功底，平时要勤动手、多动脑、多查阅资料、注重培养自主学习能力；同时，要加强思想政治建设，注意搜集相关素材，进而创作出优秀的、充满正能量的动画。

加入 CSS 动画能使网页看起来更加生动活泼，能对网页起到非常好的修饰作用，很多简单的动画类型已经广泛应用于网页制作中。CSS3 的动画类型基本可以分为 3 种：transform 变形动画、transition 过渡动画、animation 关键帧动画。

8.1　transform 变形动画

transform 的英文意思是"改变、转换"，在 CSS 中，可以理解为"变形"，可以通过 transform 属性设置两种变形动画：transform2D 变形动画（二维）和 transform3D 变形动画（三维）。

8.1.1　transform2D 变形动画

transform2D 变形动画可以实现元素的平移（translate）、缩放（scale）、旋转（rotate）、倾斜（skew）等效果。

◆　平移动画：translate(x,y)，translate() 是平移函数，参数指出元素在水平方向和垂直方向上的移动距离。

◆　缩放动画：缩放 scale(x,y)，scale () 是缩放函数，参数指出元素在水平方向和垂直方向上的缩放比例。

◆　旋转动画：旋转 rotate(度数)，rotate () 是旋转函数，参数指出元素的旋转角度，默认的旋转中心为元素的中心点。

◆　倾斜动画：倾斜 skew(度数)，skew () 是倾斜函数，参数指出元素的倾斜角度。

◆　动画基准点的设置 transform-origin：有些动画效果涉及旋转的中心、缩放的基准点等，可使用 transform-origin 属性来设置。

8.1.2　transform3D 变形动画

transform3D 变形动画不仅可以在水平（X 轴）和垂直（Y 轴）方向变化，还可以在垂直于屏幕的方向（Z 轴）变化，给人以靠近或远离自己的感觉，使动画效果看起来更立体。

◆　3D 移动动画：translate3d(x,y,z)，参数指出元素在水平（X 轴）、垂直（Y 轴）、垂直于屏幕的方向（Z 轴）的移动距离。也可以只定义转换一个方向，函数为 translateX(x)、translateY(y)、translateZ(z)。

◆　3D 旋转动画：rotate3d (x,y,z, 角度)，参数指出元素沿水平（X 轴）、垂直（Y 轴）、垂直于屏幕的方向（Z 轴）的旋转。x,y,z 的取值范围是 0 ～ 1，主要用来描述元素围绕坐标轴旋转的矢量值，angle 是角度值，设置对象在 3D 空间旋转的角度，正值为顺时针旋转，负值为逆时针旋转。在应用中，想要沿哪个轴旋转，哪个对应的参数就可以设置为一个大于 0，小于等于 1 的数值，不沿哪个轴旋转就设置为 0。也可以使用 rotateX（角度）、rotateY（角度）、rotateZ（角度）分别设置。

* 3D 缩放动画：scale3d (x, y, z)，定义 3D 缩放转换。参数 x、y、z 定义缩放的倍数。

scaleX(x)：通过设置 *X* 轴的值来定义缩放转换。

scaleY(y)：通过设置 *Y* 轴的值来定义缩放转换。

scaleZ(z)：通过设置 *Z* 轴的值来定义 3D 缩放转换。

8.2 transition 过渡动画

CSS3 的 transition 过渡动画是指对象从一种状态逐渐变化为另一种状态，是需要一定的时间完成的过程动画。

transition 复合属性可以设置 4 个过渡属性。

* transition-property：设置过渡的属性，它的属性值包括 none，即没有一个属性会获得过渡效果；all，即所有属性都会获得过渡效果。

* transition-duration：设置过渡经历的时间，以毫秒或秒为单位，默认值是 0。

* transition-timing-function：设置过渡经历时间的效果曲线，linear 表示匀速过渡，ease 表示慢速开始，速度由慢变快，再由快变慢，以慢速结束，常用的属性值见表 8-1。

表 8-1　transition-timing-function 的属性值

属性值	属性描述
linear	以相同的速度开始直到结束（等于 cubic-bezier(0,0,1,1)）（匀速）
ease	以慢速开始，然后变快，最后以慢速结束 （等于 cubic-bezier(0.25,0.1,0.25,1)）（中间快，两头慢）
ease-in	以慢速开始 （等于 cubic-bezier(0.42,0,1,1)）（开始慢，结束快）
ease-out	以慢速结束 （等于 cubic-bezier(0,0,0.58,1)）（开始快，结束慢）
ease-in-out	以慢速开始以慢速结束 （等于 cubic-bezier(0.42,0,0.58,1)）（开始和结束都慢）
cubic-bezier(n,n,n,n)	在 cubic-bezier 函数中定义自己想要的值。*n* 的数值范围为 0~1

* transition-delay：设置过渡的延迟，即等待多长时间之后才开始动画。

8.3 animation 关键帧动画

要定义关键帧动画首先要使用 @keyframes 设置动画规则，在规则中定义动画的名称、动画的起始变化或百分比变化。

语法格式一如下：

```
@keyframes 动画名称 {
        from{
                属性 1: 属性值 ;
                属性 2: 属性值 ;
                …
        }
        to{
                属性 1: 属性值 ;
                属性 2: 属性值 ;
                …
        }
    }
```

语法格式二如下：

```
@keyframes 动画名称 {
        0%{
                属性 1: 属性值 ;
                属性 2: 属性值 ;
                …
        }
        百分比 2{
                属性 1: 属性值 ;
                属性 2: 属性值 ;
                …
        }
        …
        百分比 n{
                属性 1: 属性值 ;
                属性 2: 属性值 ;
                …
        }
        100%{
                属性 1: 属性值 ;
                属性 2: 属性值 ;
                …
        }
    }
```

动画名称是必填选项，用于引用动画；from…to…或 0%~100% 也是必填选项，用于设置动画对象的属性变化过程。动画被定义之后，要通过名称引用，并且需要设置动画的持续时间。

◆ animation-name: 动画名称；：通过名称引用动画，如果值为 none，则覆盖已有的动画效果。

◆ animation-duration: 持续时间；：设置动画完成一个周期所持续的时间，使用秒或毫秒作为单位。

另外，还有一些用于控制关键帧动画的常用属性，具体如下：

◆ animation-timing-function：设置动画运动的速度曲线，值可以是 ease（默认）/linear/ease-in/ease-out/ease-in-out/cubic-bezier(n,n,n,n)。

◆ animation-delay：设置动画延迟的时间，默认为 0。

◆ animation-iteration-count：设置动画播放的次数，默认为 1，如果设置为 infinite 则表示无限次。

◆ animation-direction：设置动画在多次播放时是顺向播放（normal）还是轮流反向播放（alternate）。

◆ animation-play-state：设置动画正在运行还是暂停，paused/running。

◆ animation-fill-mode：设置在动画播放之前或之后，其动画效果是否可见，none/forwards/ backwards/both。

单元实训

任务 1 平移动画的运用

制作平移的 DIV，效果如图 8-1、图 8-2 所示。

图 8-1 初始状态

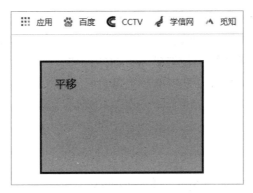

图 8-2 鼠标指针悬停状态

代码如下：

```
<!DOCTYPE html>
<html lang="zh-CN">
<head>
    <meta charset="UTF-8">
    <title> 平移动画 </title>
    <style type="text/css">
      #tl{
          width:200px;
          height:120px;
          margin:5px;
          padding:20px;
          background:rgba(220,80,80,0.5);
          border:3px groove blue;
      }
      #tl:hover{
          transform: translate(30px,30px);
      }
    </style>
</head>
<body>
      <div id="tl"> 平移 </div>
</body>
</html>
```

任务解析

（1）先为 DIV 设置宽高、背景色、边框等属性，使其可见，便于观察动画效果。

（2）要设置动画效果，需要配合伪类选择器：hover，使鼠标指针悬停在对象上时，出现变化效果。

（3）translate(30px, 30px) 使对象在水平方向向右和在垂直方向向下均平移 30 像素。

（4）也可以只设置一个方向的偏移，使用 translateX（x）可以单独设置水平方向的偏移，使用 translateY（y）可以单独设置垂直方向的偏移。

（5）括号中的 x，y 参数可以是正值，也可以是负值，如果是负值则表示沿相反方向平移。

任务 2 缩放动画的运用

制作缩放的 DIV，效果如图 8-3、图 8-4 所示。

图 8-3　初始状态

图 8-4　鼠标指针悬停状态

代码如下：

```
<!DOCTYPE html>
<html lang="zh-CN">
<head>
    <meta charset="UTF-8">
    <title> 缩放动画 </title>
    <style type="text/css">
```

```
#sl{
    width:200px;
    height:120px;
    margin:5px;
    padding:20px;
    background:rgba(220,80,80,0.5);
    border:3px groove blue;
}
#sl:hover{
    transform: scale(0.6,1.4);
}
</style>
</head>
<body>
    <div id="sl">缩放 </div>
</body>
</html>
```

任务解析

（1）scale(0.6, 1.4) 使对象的宽度在水平方向缩放为原来的 0.6 倍，使对象的高度缩放为原来的 1.4 倍，也就是说，如果参数大于 1 则放大，如果参数小于 1 则缩小。

（2）scale() 函数的参数也可以只有一个，表示水平和垂直的缩放程度相同。

（3）也可以只设置一个方向的缩放，使用 scaleX（x）可以单独设置水平方向的缩放，使用 scaleY（y）可以单独设置垂直方向的缩放。

任务 3 旋转动画的运用

制作旋转的 DIV，效果如图 8-5、图 8-6 所示。

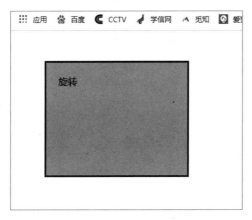

图 8-5 初始状态

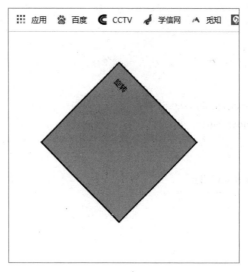

图 8-6　鼠标指针悬停状态

代码如下：

```
<!DOCTYPE html>
<html lang="zh-CN">
<head>
    <meta charset="UTF-8">
    <title> 旋转动画 </title>
    <style type="text/css">
        #xz{
            width:200px;
            height:200px;
            margin:50px;
            padding:20px;
            background:rgba(220,80,80,0.5);
            border:3px groove blue;
        }
        #xz:hover{
            transform: rotate(45deg);
        }
    </style>
</head>
<body>
    <div id="xz"> 旋转 </div>
</body>
</html>
```

任务解析

（1）rotate(45deg) 使对象顺时针旋转 45 度，如果参数为负值，则逆时针旋转。

（2）rotate() 函数的参数也可以使用弧度，用 rad 表示，比如：rotate(0.3rad)。

任务 4 倾斜动画的运用

制作倾斜的 DIV，效果如图 8-7、图 8-8 所示。

图 8-7　初始状态

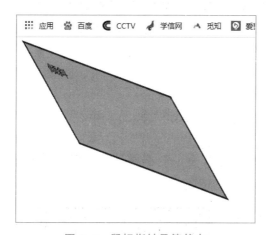

图 8-8　鼠标指针悬停状态

代码如下：

```
<!DOCTYPE html>
<html lang="zh-CN">
<head>
    <meta charset="UTF-8">
    <title> 倾斜动画 </title>
    <style type="text/css">
```

```
    #qx{
        width:200px;
        height:120px;
        margin:50px;
        padding:20px;
        background:rgba(220,100,120,0.5);
        border:3px groove blue;
    }
    #qx:hover{
        transform: skew(30deg,20deg);
    }
    </style>
</head>
<body>
    <div id="qx"> 倾斜 </div>
</body>
</html>
```

任务解析

（1）skew(30deg, 20deg) 使对象沿水平方向倾斜 30 度，沿垂直方向倾斜 20 度。

（2）skew() 函数的参数也可以只有一个，表示只沿水平方向倾斜。

任务 5　动画基准点的设置

设置动画的基准点，效果如图 8-9、图 8-10 所示。

图 8-9　初始状态

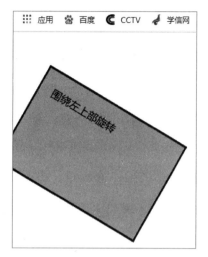

图 8-10　鼠标悬停状态

代码如下：

```
<!DOCTYPE html>
<html lang="zh-CN">
<head>
    <meta charset="UTF-8">
    <title> 动画基准点设置 </title>
    <style type="text/css">
        #jzd{
            width:200px;
            height:120px;
            margin:50px;
            padding:20px;
            background:rgba(220,100,120,0.5);
            border:3px groove blue;
        }
        #jzd:hover{
            transform: rotate(30deg);
            transform-origin: left top;
        }
    </style>
</head>
<body>
    <div id="jzd"> 围绕左上部旋转 </div>
</body>
</html>
```

任务解析

（1）transform-origin: left top; ：使对象围绕左上部旋转。

（2）transform-origin 的参数还可以使用百分比或像素值，比如：transform-origin: 30% 30%; 或 transform-origin: 30px 0;。

任务6 同时设置多种动画

同时设置旋转和缩放两种动画，效果如图 8–11、图 8–12 所示。

图 8–11　初始状态

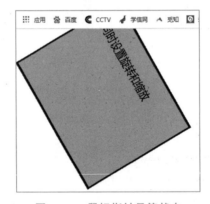

图 8–12　鼠标指针悬停状态

代码如下：

```
<!DOCTYPE html>
<html lang="zh-CN">
<head>
    <meta charset="UTF-8">
    <title> 旋转与缩放 </title>
    <style type="text/css">
      #dh{
          width:200px;
          height:120px;
```

```
        margin:50px;
        padding:20px;
        background:rgba(220,100,120,0.5);
        border:3px groove blue;
    }
    #dh:hover{
        transform: rotate(60deg) scale(1.2,1.5);
    }
    </style>
</head>
<body>
    <div id="dh">同时设置旋转和缩放 </div>
</body>
</html>
```

任务解析

transform: rotate(60deg) scale(1.2,1.5); : 同时设置了旋转和缩放两种效果, 两种效果的代码用空格分隔。

任务 7 3D 移动动画的设置

制作沿 Z 轴向后移动的 DIV, 效果如图 8-13、图 8-14 所示。

图 8-13 初始状态

图 8-14 鼠标指针悬停状态

代码如下：

```
<!DOCTYPE html>
<html lang="zh-CN">
<head>
    <meta charset="UTF-8">
    <title>3D 移动动画 </title>
    <style type="text/css">
        body{
            perspective: 1000px;
        }
        #div1{
            width:200px;
            height:120px;
            margin:5px;
            padding:20px;
            background:rgba(150,240,220,0.5);
            border:3px groove green;
        }
        #div1:hover{
            transform: translate3d(0,0,-300px);
        }
    </style>
</head>
<body>
    <div id="div1">3D 移动动画 </div>
</body>
</html>
```

任务解析

（1）translate3d(0, 0, -300px);：Z 轴参数为负值表示远离。

（2）要为元素设置 3D 动画效果，需要在元素的父元素中设置 perspective 属性值，该属性用来定义 3D 元素透视视图，用像素作单位。为元素定义了 perspective 属性后，其子元素将获得透视效果。

（3）transform: translate3d(0, 0, -300px); 也可以用 transform: translateZ(-300px); 来代替。

任务 8 3D 旋转动画的设置

制作沿 Y 轴旋转的 DIV，效果如图 8-15、图 8-16 所示。

图 8-15　初始状态

图 8-16　鼠标指针悬停状态

代码如下：

```html
<!DOCTYPE html>
<html lang="zh-CN">
<head>
    <meta charset="UTF-8">
    <title>3D 旋转动画 </title>
    <style type="text/css">
        body{
            perspective:1000px;
        }
        #div1{
            width:200px;
            height:120px;
            margin:50px;
            padding:20px;
            background:rgba(150,240,220,0.5);
            border:3px groove green;
        }
```

```
        #div1:hover{
            transform:rotate3d(0,1,0,45deg);
        }
    </style>
</head>
<body>
    <div id="div1">3D 旋转动画 </div>
</body>
</html>
```

任务解析

（1）rotate3d(0, 1, 0, 45deg);：设置对象沿 Y 轴旋转，旋转角度为 45 度。

（2）旋转的程度也可以用弧度 rad 表示。

任务 9　3D 缩放动画的设置

制作在 Y 轴方向缩放 1.5 倍的 DIV，效果如图 8-17、图 8-18 所示。

图 8-17　初始状态

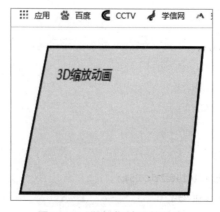

图 8-18　鼠标指针悬停状态

代码如下：

```
<!DOCTYPE html>
<html lang="zh-CN">
<head>
    <meta charset="UTF-8">
    <title>3D 缩放动画 </title>
    <style type="text/css">
        body{
            perspective:1000px;
        }
        #div1{
            width:200px;
            height:120px;
            margin:50px;
            padding:20px;
            background:rgba(150,240,220,0.5);
            border:3px groove green;
        }
        #div1:hover{
            transform: scale3d(1,1.5,1) rotateX(30deg);
            transform-origin: top;
        }
    </style>
</head>
<body>
    <div id="div1">3D 缩放动画 </div>
</body>
</html>
```

任务解析

（1）transform: scale3d(1, 1.5, 1) rotateX(30deg); ：设置对象在 Y 轴方向缩放 1.5 倍，并旋转 30 度，多种转换可以同时使用。

（2）transform-origin: top; ：设置对象缩放和旋转的基准点。

任务 10 transform2D 旋转动画的运用

制作滑动菜单，效果如图 8-19、图 8-20 所示。

| 产品介绍 | 会员专区 | 交流论坛 | 公司简介 |

图 8-19　初始状态

图 8-20　鼠标指针悬停状态

代码如下：

```
<!DOCTYPE html>
<html lang="zh-CN">
<head>
    <meta charset="UTF-8">
    <title> 滑动菜单 </title>
    <link rel="stylesheet"  type="text/css" href="cdys.css">
</head>
<body>
<ul id=ul1>
    <li> <a href="#"> 产品介绍 </a> </li>
    <li> <a href="#"> 会员专区 </a> </li>
    <li> <a href="#"> 交流论坛 </a> </li>
    <li> <a href="#"> 公司简介 </a> </li>
</ul>
<hr>
</body>
</html>
```

cdys.css 样式文件代码如下：

```
@charset UTF-8;
a{text-decoration:none;}
#ul1{list-style-type:none;}
#ul1 li{float:left;
      margin:5px;
      font-size:14px;
      padding:4px 30px;
      font-weight:bold;
      background:linear-gradient(to bottom,#00BFFF,#F0F8FF,#00BFFF);
      border-radius:4px;}
#ul1 li:hover{background:linear-gradient(to bottom,#F0F8FF,#00BFFF);
          transform:rotate(15deg);/* 旋转的度数 */
          transform-origin:left top;/* 旋转的原点 */}
hr{margin:20px;
    clear:both;
border:1px dotted blue;}
```

任务解析

（1）本例运用无序列表制作超级链接导航栏，设置了渐变背景色与圆角边框以及浮动效果等。

（2）运用 transform2D 设置了鼠标悬停动画效果。

制作可改变宽度和背景色的 DIV，效果如图 8-21、图 8-22 所示。

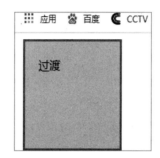

图 8-21　初始状态

图 8-22　鼠标指针悬停状态

代码如下：

```
<!DOCTYPE html>
<html lang="zh-CN">
<head>
    <meta charset="UTF-8">
    <title> 过渡动画 </title>
    <style type="text/css">
      #tl{
        width:100px;
        height:100px;
        margin:5px;
        padding:20px;
```

```
            background:pink;
            border:3px solid red;
            transition-property:all;
            transition-duration:1s;
            transition-timing-function:ease;
        }
        #tl:hover{
            width:200px;
            background:orange;
        }
    </style>
</head>
<body>
    <div id="tl"> 过渡 </div>
</body>
</html>
```

任务解析

（1）transition-property: all;：设置所有的属性都有过渡效果。

（2）transition-duration: 1s;：设置动画过渡的时间是 1 秒。

（3）transition-timing-function: ease;：设置动画过渡的速度是先慢后快再慢。

任务 12 过渡动画的应用

制作画展效果，如图 8-23、图 8-24 所示。

图 8-23　初始状态

图 8-24　鼠标指针悬停在某张图画上时的状态

代码如下：

```
<!DOCTYPE html>
<html lang="zh-CN">
<head>
    <meta charset="UTF-8">
    <title> 画展 </title>
    <link rel="stylesheet" href="hzys.css">
</head>
<body>
<div>
<ul>
<li> <a href="#"> <img src="images/image1.png" alt=""> </a> </li>
<li> <a href="#"> <img src="images/image2.png" alt=""> </a> </li>
<li> <a href="#"> <img src="images/image3.png" alt=""> </a> </li>
<li> <a href="#"> <img src="images/image4.jpg" alt=""> </a> </li>
<li> <a href="#"> <img src="images/image5.jpg" alt=""> </a> </li>
<li> <a href="#"> <img src="images/image6.jpg" alt=""> </a> </li>
<li> <a href="#"> <img src="images/image7.jpg" alt=""> </a> </li>
<li> <a href="#"> <img src="images/image8.jpg" alt=""> </a> </li>
<li> <a href="#"> <img src="images/image9.jpg" alt=""> </a> </li>
<li> <a href="#"> <img src="images/image10.jpg" alt=""> </a> </li>
<li> <a href="#"> <img src="images/image11.png" alt=""> </a> </li>
<li> <a href="#"> <img src="images/image12.png" alt=""> </a> </li>
<li> <a href="#"> <img src="images/image13.jpg" alt=""> </a> </li>
<li> <a href="#"> <img src="images/image14.jpg" alt=""> </a> </li>
<li> <a href="#"> <img src="images/image15.jpg" alt=""> </a> </li>
```

```
<li> <a href="#"> <img src="images/image16.jpg" alt=""> </a> </li>
<li> <a href="#"> <img src="images/image17.jpg" alt=""> </a> </li>
<li> <a href="#"> <img src="images/image18.jpg" alt=""> </a> </li>
<li> <a href="#"> <img src="images/image19.jpg" alt=""> </a> </li>
<li> <a href="#"> <img src="images/image20.jpg" alt=""> </a> </li>
<li> <a href="#"> <img src="images/image21.jpg" alt=""> </a> </li>
<li> <a href="#"> <img src="images/image22.jpg" alt=""> </a> </li>
</ul>
</div>
</body>
</html>
```

hzys.css 样式文件代码如下：

```
@charset UTF-8;
body{margin:0px;}
img{
    width:100px;
    height:160px;
    border:3px solid red;
}
ul{list-style-type:none;
    padding-top:20px;}
li{float:left;
    }
div{width:1000px;
    height:800px;
    margin-top:0px;
    margin-left:auto;
    margin-right:auto;
    background:#FAF0E6 url(images/bg.jpg) no-repeat;
    background-size:cover;
}
li{transform:rotate(10deg);
    transform-origin:left top;
    transition:all 1s ease;
    }
li:nth-child(2n){
    transform:rotate(15deg);
}
li:nth-child(3n){
    transform:rotate(22deg);
}
li:nth-child(4n){
```

```
        transform:rotate(8deg);
    }
li:nth-child(5n){
        transform:rotate(-8deg);}
li:hover{
        position:relative;
        z-index:100;
        transform:rotate(0deg) scale(3);}
```

任务解析

（1）background-size: cover; 是指把背景图像扩展至足够大，以使背景图像完全覆盖背景区域，背景图像的某些部分可能无法显示在背景定位区域中。

（2）: nth-child(n) 选择器表示选择属于其父元素的第 *n* 个子元素，不论元素的类型。li: nth-child(2n) 是指选择 li 元素的父元素的第 2*n* 个子元素。

（3）z-index 属性用来设置元素的堆叠顺序。数值越大，具有的堆叠顺序越高，堆叠顺序高的元素总是会显示于堆叠顺序低的元素的前面。

任务 13 制作简单关键帧动画 1

制作位置和背景色可变化的 DIV，效果如图 8-25、图 8-26 所示。

图 8-25 页面起始

图 8-26 动画结尾

代码如下：

```
<!DOCTYPE html>
<html lang="zh-CN">
<head>
    <meta charset="UTF-8">
    <title>Animation 动画 </title>
    <style type="text/css">
        div{
            width:120px;
            height:100px;
            background:pink;
            animation-name:dh1;
            animation-duration:1.5s;
        }
        @keyframes dh1{
        from{
        margin-left:30px;
        background:red;
        }
        to{
        margin-left:100px;
        margin-top:100px;
        background:orange;
        }
        }
    </style>
</head>
<body>
<div>
关键帧动画
</div>
</body>
</html>
```

任务解析

（1）@keyframes dh1 定义了动画的名称为 dh1。

（2）from{} 中定义了动画对象初始的 CSS 属性，to{} 中定义了动画对象结尾的 CSS 属性。

（3）在 div 的 CSS 属性中，需要设置所使用的关键帧动画的名称和动画所持续的时间，animation-name: dh1; 指出使用的动画名称为 dh1，animation-duration: 1.5s; 指出动
画持续的时间为 1.5 秒。

任务 14 制作简单关键帧动画 2

制作匀速无限次来回交替运动的 DIV，效果如图 8-27、图 8-28 所示。

图 8-27　页面起始

图 8-28　动画结尾

代码如下：

```
<!DOCTYPE html>
<html lang="zh-CN">
<head>
    <meta charset="UTF-8">
    <title>Animation 动画 </title>
    <style type="text/css">
        div{
```

```
            width:120px;
            height:180px;
            background:pink;
            animation-name:dh2;
            animation-duration:1.5s;
            animation-timing-function:linear;
            animation-delay:1s;
            animation-iteration-count:infinite;
            animation-direction:alternate;
        }
        @keyframes dh2{
            from{
                margin-left:30px;
                background:red;
            }
            to{
                margin-left:100px;
                margin-top:100px;
                background:orange;
            }
        }
    </style>
</head>
<body>
<div>
<p> 关键帧动画 </p>
<p>1 秒钟之后开始运动 </p>
<p> 速度为匀速 </p>
<p> 无限次循环 </p>
</div>
</body>
</html>
```

任务解析

（1）animation-timing-function: linear;：设置动画为匀速运动。

（2）animation-delay: 1s;：设置动画在 1 秒钟后开始。

（3）animation-iteration-count: infinite;：设置动画播放无限次。

（4）animation-direction: alternate;：设置动画按照路径来回交替运动。

任务 15 制作简单关键帧动画 3

使用百分比形式控制动画过程，效果如图 8-29、图 8-30、图 8-31 所示。

图 8-29　页面起始

图 8-30　动画过程

图 8-31　动画结尾

代码如下：

```
<!DOCTYPE html>
<html lang="zh-CN">
<head>
    <meta charset="UTF-8">
    <title>Animation 动画 </title>
```

```
    <style type="text/css">
      div{
          width:120px;
          height:180px;
          background: pink;
          animation-name:dh3;
          animation-duration:3s;
          animation-iteration-count:3;
          animation-fill-mode:forwards;
      }
      @keyframes dh3{
          0%{
              margin-left:30px;
              background:red;
          }
          30%{
              margin-left:100px;
              margin-top:100px;
              background:orange;
          }
          60%{
              margin-left:150px;
              margin-top:50px;
              background:yellow;
          }
          100%{
              margin-left:200px;
              margin-top:100px;
              background:green;
          }
      }
    </style>
</head>
<body>
<div>
<p> 关键帧动画 </p>
<p>3 次循环 </p>
</div>
</body>
</html>
```

任务解析

（1）0% 代表动画开始时的状态，100% 代表动画结束时的状态，使用百分比 0% ～ 100% 的形式，可以设置多个关键帧，能使动画过程更加细致、更加丰富。

（2）animation-iteration-count: 3;：设置动画播放 3 次。

（3）animation-fill-mode: forwards;：设置动画播放结束后，画面停留在最后一帧。

（4）可以把动画名称、持续时间、速度曲线、延迟、动画次数、动画方向一同写在简写属性中，比如：animation: dh3 3s ease 0s 3 alternate;。

任务 16 关键帧动画与变形动画结合

制作翻转的枫叶，效果如图 8-32、图 8-33 所示。

图 8-32　效果 1

图 8-33　效果 2

代码如下：

```
<!DOCTYPE html>
<html lang="zh-CN">
```

```
<head>
<meta charset="UTF-8">
<title> 翻转的枫叶 </title>
<style type="text/css">
    body{perspective:500px;}
    img{width:240px;
        height:240px;}
    div{width:200px;
        margin-left:auto;
        margin-right:auto;
        animation:fz 8s infinite linear;}
    @keyframes fz{
        0%{
            transform:rotateY(45deg);
        }
        20%{
            transform:rotateY(180deg);
        }
        30%{
            transform:rotateY(270deg);
        }
        40%{
            transform:rotateY(360deg);
        }
        50%{
            transform:rotateX(30deg);
        }
        60%{
            transform:rotateX(90deg);
        }
        70%{
            transform:rotateX(180deg);
        }
        80%{
            transform:rotateX(260deg);
        }
        100%{
            transform:rotateX(360deg);
        }
    }
</style>
</head>
<body>
<div>
```

```
<img src="images/fengye.png" alt="">
</div>
</body>
</html>
```

任务解析

（1）transform 变形动画与关键帧动画配合使用，设置了 9 个关键帧。

（2）图片在页面中水平居中，先围绕 Y 轴旋转，再围绕 X 轴旋转，呈现立体动画效果。

任务 17 过渡动画制作

制作折叠导航栏，效果如图 8-34、图 8-35 所示。

图 8-34　默认状态

图 8-35　鼠标指针悬停状态

代码如下：

```
<!DOCTYPE html>
<html lang="zh-CN">
<head>
<meta charset="UTF-8">
<title> 折叠导航菜单 </title>
<style type="text/css">
    *{margin:0px;
      padding:0px;}
    h3+div{
        height:0px;
        overflow:hidden;
        transition:all 1s ease;
    }
    a{text-decoration:none;}
    .dh{
        width:400px;
        margin-top:3px;
        margin-left:20px;
    }
    h3{background:rgba(200,200,240,1);
        padding:6px 20px;
        font-size:14px;
        border-radius:10px;}
    .dh:hover h3+div{
        height:300px;
        overflow:auto;
        border-radius:10px;
    }
</style>
</head>
<body>
<div class="dh">
<h3> <a href=""> 小说 </a> </h3>
<div> <img src="images/im1.jpg" alt=""> </div>
</div>

<div class="dh">
<h3> <a href=""> 散文 </a> </h3>
<div> <img src="images/im2.jpg" alt=""> </div>
</div>
```

```
<div class="dh">
<h3> <a href=""> 古诗 </a> </h3>
<div> <img src="images/im3.jpg" alt=""> </div>
</div>

<div class="dh">
<h3> <a href=""> 童谣 </a> </h3>
<div> <img src="images/im4.jpg" alt=""> </div>
</div>
</body>
</html>
```

任务解析

（1）利用相邻兄弟选择器 h3+div 设置了过渡动画，菜单初始状态是下面的子选项不可见，因此设置 DIV 高度为 0，height: 0px;，如果里面有内容会造成溢出，因此设置 overflow: hidden;，即溢出时隐藏。

（2）利用 .dh: hover h3+div 伪类选择器设置当鼠标指针悬停时，DIV 高度为 300px，溢出设置为自动 overflow: auto;，即根据内容大小自动出现滚动条。

技能检测

一、选择题

1. 下列哪个函数可用于设置平移?（   ）
   A. translate(30px,30px);   B. scale(30px,30px);
   C. rotate(30px,30px);   D. skew(30px,30px);

2. 下列哪个函数可用于设置缩放?（   ）
   A. translate(0.5,1.5);   B. scale(0.5,1.5);
   C. rotate(0.5,1.5);   D. skew(0.5,1.5);

3. 下列哪个属性用于设置过渡动画?（   ）
   A. transform   B. animation
   C. transition   D. hover

4. 下列关于定义关键帧动画的说法错误的是（   ）。
   A. 要以 @ 符号开头
   B. @ 符号后面紧跟 keyframes
   C. 必须赋予动画一个名称
   D. 定义动画的过程要用圆括号括起来

5. 应用 animation-timing-function 设置动画运动的速度曲线时，值如果是 ease 则表示
(   )。

    A. 以慢速开始，然后变快，最后以慢速结束

    B. 开始到结束均保持相同的速度

    C. 加速运动

    D. 开始快，结束慢

二、操作题

1. 制作如图 8-36 所示的图片轮播效果（4 张图片从右向左水平移动，轮番播放）。

图 8-36　页面布局

2. 自由设计与制作类似图 8-37 所示的翻转动画。

图 8-37　翻转动画

单元 ❾
HTML5 多媒体

单元导读

　　视频、音频等多媒体文件的应用可以丰富网页效果，本单元将介绍 HTML5 视频、音频的具体应用。

学习目标

　　✔ 掌握 HTML5 视频的使用方法。
　　✔ 掌握 HTML5 音频的使用方法。

思政目标

　　网络具有传播力度大、速度快的特点，同学们在网页素材编辑的过程中要保证导入的是真实、健康、具有正能量、能够促进社会和谐的内容，引导受众树立正确的人生观、价值观。为此，同学们应注重良好的道德品质和正确的政治观念的养成。

在以前的网页中，大部分视频文件是通过插件显示的，用户要想看到视频效果，必须先下载和安装相应的插件，而不同的浏览器或不同的设备使用的插件往往不同，增加了用户体验的复杂程度。HTML5 提供了通过 video 元素包含视频的标准方法，使得播放视频不再依赖外部插件。

9.1 video 元素

video 元素主要支持 3 种视频格式：Ogg、MPEG4、WebM，目前，大部分主流浏览器的新版本均支持这几种视频格式。

video 元素的属性见表 9-1。

表 9-1　video 元素的属性

属性	属性值	描述
src	url 路径	所播放的视频文件的地址
width	正整数 / 百分比	设置视频显示出来的宽度
height	正整数 / 百分比	设置视频显示出来的高度
autoplay	空值 /autoplay	视频在就绪后自动播放，一般不设置该属性
loop	空值 /loop	设置视频循环播放
controls	空值 /controls	显示控制条
poster	url 路径	视频播放之前供预览的图片
preload	auto/none/metadata	设置在页面加载时，是否加载视频：auto（默认自动加载）/none（不加载）/metadata（只加载文件的基本信息）

有时，某些低版本的浏览器因兼容问题对某种视频格式并不支持，对此我们可以使用 source 元素解决，source 元素是 video 元素或 audio 元素的子元素，可以指定多个文件来源，因此能够解决兼容问题。如果子元素中使用了 source 元素，那么 video 元素或 audio 元素就不可以同时设置 src 属性，否则会产生冲突。

任务 1 和任务 2 中的视频能在 IE9+、Chrome、Safari 中显示，却不能在低版本的 Firefox、Opera 中显示。以任务 2 为例，任务 3 将解决这个问题。

9.2 audio 元素

在网页中还可以使用音频格式的文件，对应的元素是 audio 元素，它的使用方法和属性与 video 元素相似，并且也可以使用 source 元素解决浏览器兼容问题。audio 元素目前主要支持 3 种音频格式：Ogg、MP3、Wav，常用属性见表 9–2。

表 9–2 audio 元素的常用属性

属性	属性值	描述
src	url 音频文件的路径	要播放的音频的 URL 地址
controls	空值 /controls	显示播放控件，如播放按钮
autoplay	空值 /autoplay	设置音频在就绪后自动播放。一般不设置该属性
loop	空值 /loop	设置音频循环播放
preload	auto/none/metadata	设置音频在页面加载时是否进行加载，并预备播放。一般不需要设置，使用默认值即可

为解决浏览器兼容问题，我们使用了多个不同格式的视频文件和音频文件，那么如何将一种格式的文件转换成其他格式呢？可以使用格式转换软件，如"格式工厂"。

单元实训

任务 1 video 元素的使用

显示视频文件，效果如图 9–1 所示。

图 9–1 视频播放

代码如下：

```
<!DOCTYPE html>
<html lang="zh-CN">
<head>
    <meta charset="UTF-8">
    <title> 视频播放 </title>
</head>
<body>
    <video src="video/flowers.mp4" controls="">
        您的浏览器暂不支持该视频格式，建议升级或更换浏览器
    </video>
</body>
</html>
```

任务解析

（1）<video src="video/flowers.mp4" controls="">：在 video 的属性中不仅要指出视频文件的路径，还要写上 controls 属性，否则视频只停止在页面中，不能播放。controls="" 和 controls="controls" 同效。

（2）不同的浏览器对各种视频文件支持的程度不同，本例中是 MP4 格式的视频文件，可以使用 IE9+/Chrome/Safari 等浏览器浏览，但是如果用户使用的是其他版本较低的浏览器，可能会看不到视频。为了提示用户，可以在 <video></video> 元素中加入说明性的文本，此文本会显示在视频文件应该显示的位置。

任务 2 video 元素其他属性的设置

显示视频文件并控制宽高和其他属性，效果如图 9-2 所示。

图 9-2　指定预览图的视频播放

代码如下：

```
<!DOCTYPE html>
```

```
<html lang="zh-CN">
<head>
  <meta charset="UTF-8">
  <title> 视频播放 </title>
</head>
<body>
  <video src="video/peacock.mp4" controls="" width="400" loop="" poster="images/preview.png" preload="metadata">
      您的浏览器暂不支持该视频格式，建议升级或更换浏览器
  </video>
</body>
</html>
```

任务解析

（1）本例设置了视频的宽度，没有设置高度，系统会按照画面比例自动调整高度到合适的大小。如果同时设置了宽度和高度，又和视频原来的宽高比例不符，系统将在所设置的区域内保持画面原来的比例，其他区域留白。

（2）loop="" 设置了循环播放。

（3）poster="images/preview.png" 设置了预览的图片，最好选用宽高比例和视频的宽高比例相同的图片，以免出现留白区域。

（4）preload="metadata" 设置只加载视频文件的基本信息，如视频的大小、时长。

任务 3 source 元素的使用

使用 source 元素解决浏览器兼容问题，代码如下：

```
<!DOCTYPE html>
<html lang="zh-CN">
<head>
  <meta charset="UTF-8">
  <title> 视频播放 </title>
</head>
<body>
  <video controls="" width="400" loop="" poster="images/preview.png" preload="metadata">
  <source src="video/peacock.mp4" type="video/mp4">
  <source src="video/peacock.webm" type="video/webm">
  <source src="video/peacock.ogg" type="video/ogg">
      您的浏览器暂不支持该视频格式，建议升级或更换浏览器
  </video>
</body>
</html>
```

任务解析

（1）video 后面的 src 属性要去掉。

（2）利用 source 元素引入了 3 种视频格式的文件，这 3 个视频文件内容相同，只是格式不同。在制作网页之前，要把这 3 个文件准备好，浏览器会按照代码顺序依次寻找所支持的格式文件，只要遇到能够支持的就显示，后面的就忽略。

任务 4 音频文件的使用

在页面中使用音频，效果如图 9-3 所示。

图 9-3 音频播放

代码如下：

```
<!DOCTYPE html>
<html lang="zh-CN">
<head>
  <meta charset="UTF-8">
  <title> 音频播放 </title>
</head>
<body>
  <audio controls loop="">
    <source src="audio/music.wav" type="audio/wav">
    <source src="audio/music.ogg" type="audio/ogg">
    <source src="audio/music.mp3" type="audio/mpeg">
    您的浏览器暂不支持该音频格式，建议升级或更换浏览器
  </audio>
</body>
</html>
```

任务 5 格式工厂的使用

使用格式工厂软件进行不同视频 / 音频格式的转换。

实施步骤

步骤 1：启动格式工厂软件，在界面左侧选择想要转换成的格式类型，如果想转换成视频，就单击【视频】按钮，按钮下面会显示能够转换成的格式，如图 9-4 所示。

步骤 2：在展开的选项当中，选择想要转换成的格式，比如想转换成 WebM 格式，就选择【WebM】选项，如图 9-5 所示。

图 9-4　单击【视频】按钮

图 9-5　选择【WebM】选项

步骤 3：在弹出的窗口中单击【添加文件】按钮，如图 9-6 所示。

图 9-6　单击【添加文件】按钮

步骤 4：选择想要转换的文件，然后单击【打开】按钮，如图 9-7 所示。

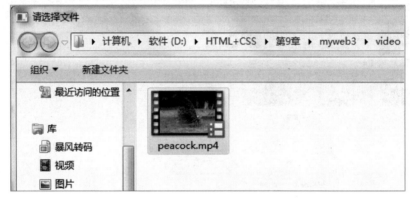

图 9-7　选择文件

步骤 5：此时，对话框上端会显示所要转换的文件，左下角显示输出文件的位置，也可以单击其右侧的【文件夹】按钮，重新设置输出位置，然后单击【确定】按钮，如图 9-8 所示。

图 9-8　确认文件输出位置

步骤 6：单击【开始】按钮，程序将花费一些时间进行转换，可以看到转换进度，如图 9-9、图 9-10 所示。

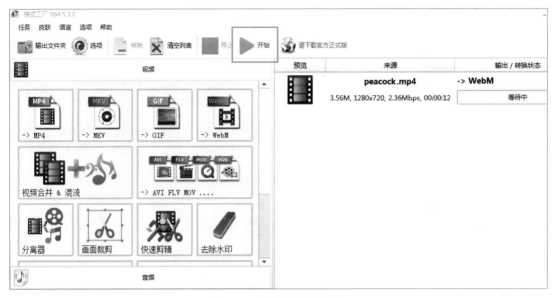

图 9-9　单击【开始】按钮

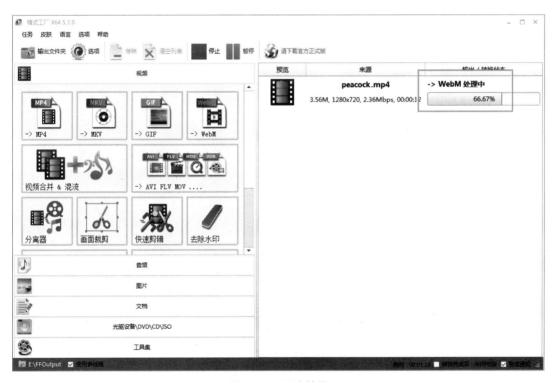

图 9-10　正在转换

步骤 7：转换后的效果如图 9–11 所示，单击【完成】按钮。右击文件名，在弹出的快捷菜单中选择【打开输出文件夹】，如图 9–12 所示，在 FFOutput 文件夹中即可找到转换成功的文件，如图 9–13 所示。

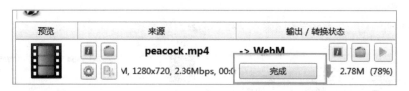

图 9–11　转换完毕

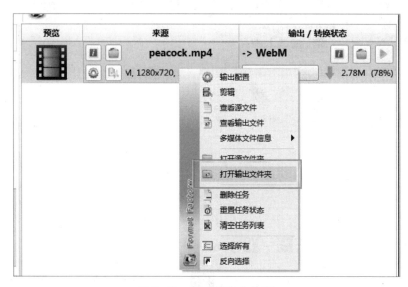

图 9–12　打开输出文件夹

图 9–13　输出的文件

技能检测

操作题

1. 自行搜索并下载网上的音频与视频文件，将其转换为各种不同的格式。

2. 使用智能手机拍摄视频，并将视频插入网页。